U0873507

普通高等教育“十三五”规划教材

物理化学实验

钟金莲 王燕飞 李 勋 主编

中国石化出版社

内 容 提 要

《物理化学实验》主要内容包含绪论、实验内容、仪器及其使用、附录四部分。绪论部分介绍了物理化学实验的基本要求及安全知识、实验误差的分析及实验数据的处理方法；实验内容部分包含化学热力学、电化学、化学动力学、表面现象与胶体化学、结构化学等具有代表性的24个典型实验；仪器及其使用部分介绍了物理化学实验中11个常用仪器设备的构造原理及使用知识；附录部分收录了物理化学实验中常用的20个数据表。

本书可作为高等院校化学、应用化学、材料化学、化工及其相关专业本、专科学生的物理化学实验教材，也可供从事相关工作的读者参考使用。

图书在版编目（CIP）数据

物理化学实验 / 钟金莲，王燕飞，李勋主编．—北京：中国石化出版社，2020.11（2025.3 重印）
普通高等教育“十三五”规划教材
ISBN 978-7-5114-5979-4

Ⅰ.①物… Ⅱ.①钟… ②王… ③李… Ⅲ.① 物理化学—化学实验—高等学校—教材 Ⅳ.① O64-33

中国版本图书馆 CIP 数据核字（2020）第 189185 号

中国石化出版社出版发行

地址：北京市东城区安定门外大街 58 号
邮编：100011 电话：(010) 57512500
发行部电话：(010) 57512575
http：//www.sinopec-press.com
E-mail：press@sinopec.com
北京艾普海德印刷有限公司印刷
全国各地新华书店经销
*
787 毫米 ×1092 毫米 16 开本 11.25 印张 244 千字
2025 年 3 月第 1 版第 4 次印刷
定价：38.00 元

前　言

《物理化学实验》是高等院校化学类专业中一门重要的基础实验课，它综合了化学领域中各分支所需的基本研究工具和方法，是物理化学理论课程的重要组成部分，是研究物质的物理性质以及这些性质与其化学反应间的关系的一门科学。通过学习物理化学实验课程，可培养学生初步掌握物理化学实验的方法，训练学生掌握基本的物理化学实验技术，使学生加深理解物理化学课程中的基本原理和基础理论知识，提高他们灵活应用这些基本理论和解决实际问题的能力。

全书共分为绪论、实验内容、仪器及其使用、附录四部分，其中实验内容又分为化学热力学、电化学、化学动力学、表面现象和胶体化学以及结构化学五部分。本书参考了国内外部分物理化学实验教材，其中绪论、电化学、结构化学部分由钟金莲老师编写，化学动力学、表面现象和胶体化学部分由王燕飞老师编写，化学热力学部分由李勋老师编写，仪器及其使用、附录部分由曾红、刘春华、李亿保、钟平老师编写，全书实验仪器实物插图由贾新建、陈静、王科军、柳辉金老师制作。全书由钟金莲、王燕飞、李勋三位老师统稿并审稿。

本书由国家级化学特色专业建设点项目、物理化学省级精品课程项目、江西省普通本科高等学校专业综合改革试点项目和赣南师范大学教材建设基金项目资助出版。

本书可作为高等院校化学、应用化学、材料化学、化工及其相关专业本、专科学生的物理化学实验教材，也可供从事相关工作的读者参考使用。

由于编者水平有限，错误和不妥之处在所难免，恳请读者批评指正。

目　　录

第一章　绪　　论

第一节　物理化学实验的目的、要求和注意事项

一、实验目的

物理化学实验是继无机化学实验、分析化学实验、有机化学实验之后的一门基础实验课程。它综合了化学领域中各分支所需要的基本研究工具和方法。它的主要目的是：

（1）巩固并加深对物理化学课程中相关理论和概念的理解。

（2）掌握物理化学实验的基本方法、基本技能和常用仪器的构造原理及使用方法，了解近代大型仪器的性能及在物理化学中的应用。

（3）培养和锻炼学生观察实验现象、正确记录数据和处理数据、分析实验结果的能力，使学生养成严谨认真、实事求是的科学态度和作风。

二、实验要求

1. 实验预习

（1）学生通过超星学习通观看江西省精品在线课程《物理化学实验》进行预习，并准备实验预习报告本。

（2）对实验教材以及有关参考资料、附录、仪器的使用说明书等进行仔细阅读，然后写出实验预习报告。预习报告应包括：实验目的、实验原理、简要操作步骤、实验注意事项、需测量的数据（列出空表格），并于实验前一天交实验指导老师批阅。学生达到预习要求后，才能进行实验。

2. 实验数据处理和实验报告写法

（1）弄清数据处理的原理、方法、步骤及单位制，仔细进行计算并正确表达实验结果。处理实验数据应个人独立完成，不得马虎潦草，不得相互抄袭。

（2）认真写好实验报告，其内容包括：实验目的、基本原理、实验仪器和实验条件、实验步骤、实验数据表格、结果处理、作图、思考题与讨论等。

（3）采用表格形式表示实验数据，用坐标纸作图，注意实验结果的有效数字，分析实验误差的来源和实验结果的精密度与准确性，并能对实验提出改进意见。

(4) 按下周实验时交上周实验报告的时间上交实验报告，批阅后的报告要妥善保存，以备考核时复习。

三、实验注意事项

(1) 按实验编排表的顺序依次完成每一个实验，不经老师允许不得随意和同学交换实验顺序。

(2) 认真核对实验所用的仪器设备以及实验中所用的玻璃器皿、标准溶液等。对不熟悉的仪器设备必须在认真阅读使用说明书后再动手组装实验装置。

(3) 装置完成后，须经老师检查同意后方可动手做实验。

(4) 实验中要严格控制实验条件，严格按照实验操作规程进行实验，特别是电器和高压气瓶的操作，防止意外事故发生。

(5) 公用仪器及试剂瓶不要随意变更原有位置，用毕要立即放回原处。

(6) 实验中遇到问题要独立思考，认真观察实验现象，及时解决实验中出现的问题，如自己处理不了应及时报告老师帮助解决。

(7) 认真做好实验原始数据的记录，实事求是地填写在预习报告本上，不允许用单张零纸记录。尽量采用表格形式，养成认真记录数据的好习惯。

(8) 实验完毕，应将实验数据交指导老师审查，教师签注合格意见后，再拆除实验装置，如不合格，需补做或重做。

(9) 整理实验台面，洗净并核对仪器，若有损坏请自行登记并按规定赔偿。

(10) 关闭水、电、气，经指导老师同意后方能离开实验室。

四、物理化学实验的考核和成绩评定

物理化学实验的成绩以平时成绩为主。每个实验的成绩由预习、操作及实验报告三部分结合给出，期末以各个实验成绩的平均分作为平时成绩，占实验总成绩的 40% ~50%，期末对实验内容、原理、装置、使用的仪器、实验结果的处理、思考题、注意事项、误差的来源及分析等各项进行全面的考核，采用操作、笔试与操作相结合、实验设计等考核方法，该考核占实验总成绩的 50% ~ 60%。

第二节　物理化学实验中的安全知识

化学是一门实验科学，实验室的安全非常重要，化学实验室常常潜藏着发生诸如爆炸、着火、中毒、灼伤、割伤、触电等事故的危险性，如何防止这些事故的发生以及万一发生又该如何处理，这是每一位化学工作者必须具备的素质；同时关系到培养良好的工作作风、保证实验顺利进行、保护实验者和国家财产安全的重要问题。因此，了解实验中的

安全防护知识，对每一个实验者都是非常重要的。这里主要结合物理化学实验的特点就使用化学药品及电器仪表的安全知识，简要分述如下。

一、使用化学药品的安全防护

化学药品在使用不当时，会引起中毒、爆炸、燃烧和灼伤等各种事故。因此，一般在实验开始前，要预先了解实验中所用的化学药品的规格、性能以及使用时可能产生的危害，并做好防范措施。

1. 防毒

大多数化学药品都具有不同程度的毒性，毒物可以通过呼吸道、消化道和皮肤进入人体内。因此，防毒的关键是要尽量地杜绝和减少毒物进入人体，通常应做到：

（1）有毒气体（如 H_2S、Cl_2、Br_2、NO_2、浓盐酸、氢氟酸等）的操作应在通风橱中进行。防止苯、四氯化碳、乙醚等的蒸气大量吸入人体内引起中毒。虽然它们都有特殊气味，但经久吸入后，会使人嗅觉减弱，必须提高警觉。

（2）一些药品（如苯、有机溶剂、汞）能透过皮肤进入人体内，所以在使用时应避免与皮肤接触。

（3）高汞盐［$HgCl_2$、$Hg(NO_3)_2$等］、可溶性钡盐［$Ba(NO_3)_2$、$BaCl_2$等］、重金属盐（镉盐、铅盐等）以及氰化物、三氧化二砷等剧毒物应妥善保管，小心使用，所弃废液不能乱倒。氰化物、汞盐、镉盐、铅盐等须回收。

（4）用移液管移取液体时，应用洗耳球吸取，严禁用嘴吸取。

（5）不在实验室内喝水、抽烟、吃东西，饮食用具不带到实验室内，以防毒物沾染。离开实验室时要洗净双手。

2. 防爆

许多可燃性气体和空气的混合物，当两者的比例处于爆炸极限时，只要有一个适当的热源（如电火花）诱发，将引起爆炸。在 20℃、101325Pa 下，一些气体和空气混合物的爆炸极限见表 1－2－1。

表 1－2－1　与空气相混合的一些气体的爆炸极限表（20℃，101325Pa）

气体（B）	爆炸上限（体积分数 φ_B）	爆炸下限（体积分数 φ_B）
氢气	0.742	0.040
苯	0.068	0.014
乙醇	0.190	0.033
乙醚	0.365	0.019
丙酮	0.128	0.026
醋酸	—	0.041
乙酸乙酯	0.114	0.022
氨	0.270	0.155

因此，应尽量防止可燃性气体或蒸气散发到室内空气中。同时，要保持室内通风良好，不使它们形成爆鸣混合气。在操作大量可燃性气体时，严禁明火。

另外，有些化学药品如高氯酸盐、过氧化物等受热或受振容易引起爆炸，故使用时要特别注意。尤其要防止将强氧化剂和强还原剂放在一起。久置的乙醚之所以引起爆炸，是由于产生了过氧化物，所以使用前应设法除去生成的过氧化物。

3. 防火

物质燃烧需要具有三个条件：可燃物、氧气或氧化剂及一定的温度。由于空气中含有氧气，而常用的有机溶剂如丙酮、苯、乙醇、乙醚等都是易燃物，故使用这类溶剂时，要防止室内明火。同时，这类药品在实验室中不可存放过多，用后要及时回收处理，切不可倒入下水道，以免聚积引起火灾。万一着火，应冷静判断情况并采取措施，可以采取隔绝氧的供应、降低燃烧物质的温度、将可燃物质与火焰隔离的方法。常用来灭火的有水、砂、二氧化碳灭火器、四氯化碳灭火器、泡沫灭火器、干粉灭火器等，可根据着火原因、场所情况予以选用。

4. 防灼伤

强酸、强氧化剂、强碱、溴、冰醋酸等都会腐蚀皮肤，对眼睛的伤害尤其严重，故实验时应注意预防，尤其要防止它们溅入眼内。灼伤时应迅速清除皮肤上的化学药品，某些物质灼伤皮肤时可用大量水冲洗，再以适合于清除这种有害化学药品的特种溶剂、溶液或药剂仔细洗涤处理伤处，情况严重时，必须立即送医院诊治。

5. 防水

有时因故障停水，实验被迫中止，而水阀门没有关闭，若来水后实验室无人，又遇排水不畅，则会发生事故。特别是楼上实验室积水漏入楼下，淋湿浸泡仪器设备，甚至使某些试剂如金属钠、钾、金属氢化物、电石等遇水发生燃烧、爆炸。因此，离开实验室前应检查水阀门是否关好。

6. 使用汞的安全防护

由于在常温下，汞逸出蒸气，吸入人体内会使人受到严重毒害；加之物理化学实验中，使用汞的机会较多，所以应特别注意。

（1）汞不能直接暴露于空气之中，在装有汞的容器中应在汞面上加水或其他液体覆盖。

（2）一切倾倒汞的操作，不论量多少，一律在浅瓷盘内进行（盘中装水）。在倾倒汞上的水时，应先把水倒入烧杯，而后由烧杯倒入水槽。

（3）倾倒汞时一定要缓慢，不要用超过250cm^3的大烧杯盛汞，以免倾倒时溅出。

（4）装汞的仪器下面一律放置浅瓷盘，使得在操作过程中偶尔洒出的汞滴不至散落在桌上或地上。

（5）储存汞的容器必须是结实的厚壁玻璃器皿或瓷器，以免由于汞本身的重量而使容器破裂。

（6）若万一有汞掉在地上或桌上，应尽可能用吸管将汞珠收集起来，最后用硫黄粉覆盖在有汞溅落的地方并摩擦之，使汞变成硫化汞。亦可用高锰酸钾溶液使汞氧化。

（7）擦过汞齐或汞的滤纸必须放在有水的瓷缸内或玻璃器皿内。

（8）手上有伤口时，切勿触及汞。

二、使用电器的安全防护

使用电器的安全防护，主要包括实验者的人身安全防护和电器设备的安全防护两方面。

1. 实验者的人身安全防护

人体通过 50Hz 的交流电 1mA 就有感觉；10mA 以上使肌肉强烈收缩；25mA 以上则呼吸困难，甚至停止呼吸；100mA 以上则使心脏的心室产生纤维性颤动，以致无法救活。直流电在通过同样电流的情况下，对人体也有相似的危害。为防止触电事故，在使用电器时应做到：

（1）不要用潮湿的手接触电器。

（2）一切电源裸露部分都应有绝缘装置（如电线接头应裹上胶布、开关应有绝缘匣等），已损坏的接头、插头、插座或绝缘不良的电线应及时更换，所有电器设备的金属外壳应接地。

（3）实验时必须先接好仪器的线路再接电源，实验结束时，必须先关闭仪器的开关，再切断电源，然后再拆除线路。

（4）修理或安装电器设备时，必须先切断电源，避免带电操作。

（5）清楚实验室电源总开关的位置，以便一旦发生事故时能及时拉开电闸，切断电源。

（6）万一不慎发生触电事故，应先拉开电闸，把触电者迅速抬到空气流通的地方。如触电者没有停止呼吸，可让其仰倒，头部稍低，解开衣服纽扣，用棉花蘸些氨水放在鼻孔下，以使其尽快恢复知觉；若虽已停止呼吸，但仍有抢救可能时，应立即进行人工呼吸，并迅速请附近的医生来就地诊治。在急救过程中应注意保护触电者的体温，同时千万不要注射强心剂，否则将导致触电者更难恢复心脏跳动。

2. 电器设备的安全防护

在选择使用电器设备时，从安全防护方面考虑，应注意以下几点：

（1）首先阅读该电器设备的使用说明书，弄清其性能、使用范围及安全防护措施。

（2）对于直流电器，应注意与电源的正、负极对应，不能接错。对于交流电器，应注意是单相还是三相供电，电器规定电压与电源电压不符时，应跨接适当的变压器，否则不能直接接入电源。

（3）注意仪表的量程，待测量的物理量大小必须与仪器的量程相适应，若待测量的物理量大小不清楚时，必须先从仪器的最大量程开始。

（4）各种导线（包括保险丝）都有各自的额定电流，在选用时，应与电器的功率相匹配。若使用电流超过导线负载，则容易引起火灾或其他事故。

（5）接线时应注意接头处接触良好，否则当电路中达到规定电流时，接头消耗功率很大，时间一久，会引起接头处温度升高，以致酿成事故。

（6）接好线路并仔细检查，在经教师确认无误后，方可通电。实验中发现异常情况，如局部升温太高或嗅到电器绝缘漆的焦味时，应立即切断电源，进行检查。

（7）当测量间隙较长时，可断开线路，以延长仪器的使用寿命。

第三节　物理化学实验中的误差分析和数据处理

在物理化学实验中，由于测量时所用仪器、实验方法、条件控制和实验者观察局限等的限制，任何实验都不可能测得一个绝对准确的数值，测量值和真值之间必然存在着一个差值，称为测量误差。只有知道结果的误差，才能了解结果的可靠性，才能决定这个结果对科学研究和生产是否有价值，进而考虑如何改进实验方法、技术以及仪器的正确选用和搭配等问题。如在实验前能清楚该测量允许的误差大小，则可以正确地选择适当精度的仪器、实验方法和控制条件，不致过分提高或降低实验的要求，造成浪费和损失。此外，将数据列表、作图、建立数学关系等数据处理方法，也是实验的一个重要的方面。

一、误差的分类

一切物理量的测定，可分为直接测量和间接测量两种。直接表示所求结果的测量称为直接测量，如用天平称量物质的质量、用电位差计测定电池的电动势等。若所求的结果由数个直接测量值以某种公式计算而得，则这种测量称为间接测量，如用电导法测定乙酸乙酯皂化反应的速率系数，即是测定不同时间溶液的电导，再由公式计算得出。物理化学实验中的测量大都属于间接测量。

1. 准确度和精密度

测量结果的准确度是指测量结果的正确性，即测得值与真值的偏离程度。精密度是指测量结果的可重复性及测得结果的有效数字位数（有效数字在以后讨论）。我们说测量值与真值越接近，则准确度越高。测量值的重复性越好，有效数字越多，则精密度越高。对准确度和精密度的理解，可以用打靶的例子来说明，如图 1－3－1 所示。

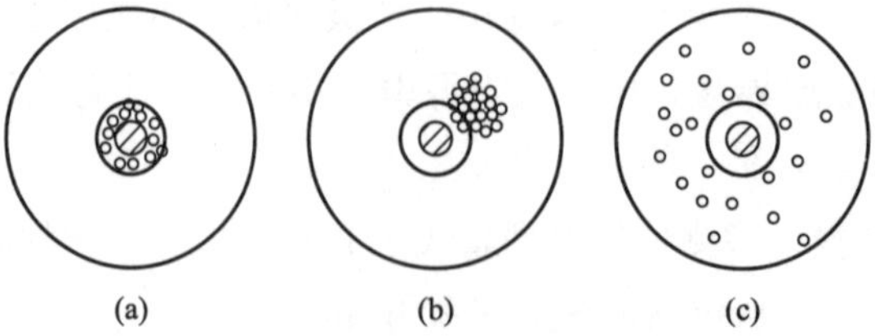

图 1－3－1　准确度与精密度的示意图

图 1－3－1 表示三个射手的成绩。其中，图（a）表示准确度和精密度都很高；图（b）因能密集射中一个区域，就精密度而言是很高的，但没射中靶眼，所以准确度不高；图（c）是准确度和精密度都不好。在实际工作中，尽管测量的精密度很高但准确度并不一定高，而准确度很高的测量要求其精密度必定也很高。

2. 误差的种类、来源及其对测量结果的影响和消除的方法

根据误差的性质，可把测量误差分为系统误差、偶然误差和过失误差三类。

（1）系统误差　在相同条件下多次测量同一物理量时，测量误差的绝对值（即大小）和符号保持恒定，或在条件改变时按某一确定规律而变，这种测量误差称为系统误差。

系统误差是由于有关测量方法中某些经常的原因而致。例如：①仪器刻度不准或刻度的零点发生变动，样品的纯度不符合要求等；②实验控制条件不合格，如用毛细管黏度计测量液体的黏度时，恒温槽的温度偏高或偏低都会产生显著的系统误差；③实验者感官上的最小分辨力和某些固有习惯等引起的误差，如读数时恒偏高或恒偏低，或在光学测量中用视觉确定终点和电学测量中用听觉确定终点时，实验者本身所引进的系统误差；④实验方法有缺点或采用了近似的计算公式，例如用凝固点降低法测出的相对分子质量偏低于真值。

（2）偶然误差　在相同条件下多次重复测量同一物理量，每次测量结果都有些不同（在末位数字或末两位数字上不相同），它们围绕着某一数值上下无规则地变动，其误差符号时正时负，其误差绝对值时大时小。这种测量误差称为偶然误差。

偶然误差是由于实验时许多不能预料的其他因素造成的。例如：①实验者对仪器最小分度值以下的估读，很难每次严格相同；②测量仪器的某些活动部件所指示的测量结果，在重复测量时很难每次完全相同，这种现象在使用年久或质量较差的电学仪器时最为明显；③暂时无法控制的某些实验条件的变化，也会引起测量结果不规则的变化，如许多物质的物理化学性质与温度有关，实验测定过程中，温度必须控制恒定，但温度恒定总有一定限度，在这个限度内温度仍然不规则地变动，导致测量结果也发生不规则变动。

（3）过失误差　由于实验者的粗心、不正确操作或测量条件的突变引起的误差，称为过失误差。例如用了有毛病的仪器，实验者读错、记错或算错数据等。过失误差在实验工作中是不允许发生的，只要仔细专心地进行实验，过失误差是完全可以避免的。

从上述可知，只有消除了系统误差，精密测量才能获得准确的结果。消除系统误差，通常可采用下列方法：用标准样品校正实验者本身引进的系统误差；用标准样品或标准仪器校正测量仪器引进的系统误差；纯化样品，校正样品引起的系统误差；实验条件、实验方法、计算公式等引进的系统误差则比较难以发觉，须仔细探究是哪些方面的因素不符合要求，从而采取相应措施设法消除之。

此外还可以采用不同的仪器、不同的测量方法、不同的实验者进行测量和对比，以检出和消除这些系统误差。

二、偶然误差的统计规律和处理方法

1. 偶然误差的统计规律

如前所述，偶然误差是一种不规则变动的微小差别，其绝对值时大时小，其符号时正时负。但是，在相同的实验条件下，对同一物理量进行重复测量，则发现偶然误差的大小和符号却完全受某种误差分布（一般指正态分布）的概率规律所支配，这种规律称为误差定律。偶然误差的正态分布曲线如图 1－3－2 所示。图中 x 为测量值，y（x）代表测量值 x 出现的概率密度；σ 代表标准误差，在相同条件的测量中其数值恒定，它可作为偶然误差大小的量度。

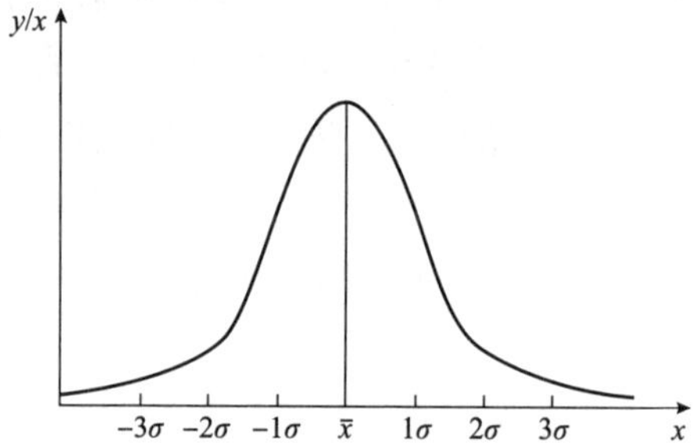

图 1－3－2　正态分布误差曲线图

由误差曲线可知，偶然误差具有以下特点：

（1）在一定的测量条件下，偶然误差的绝对值不会超过一定的界限。

（2）绝对值相同的正、负误差出现的机会相同。

（3）绝对值小的误差比绝对值大的误差出现的机会多。

为了减小偶然误差的影响，在实际测量中常进行多次重复的测量，以其算术平均值作为最佳代表值（误差理论可证明）。

2. 偶然误差的表达

（1）算术平均值　由误差理论可知，在消除了系统误差和过失误差的情况下，由于偶然误差分布的对称性，对物理量 a 进行无限次测量所得值的算术平均值即为真值 $a_{真}$。

$$a_{真} = \frac{1}{n}\lim_{n\to\infty}\sum_{i=1}^{n} a_i$$

然而在大多数情况下，我们只是做有限次的测量，故只能把有限次测量的算术平均值 $\bar{a}$ 作为可靠值。

$$\bar{a} = \frac{1}{n}\sum_{i=1}^{n} a_i$$

（2）误差和相对误差　某次测量的误差（又称绝对误差）为：

$$\Delta a_i = a_i - \bar{a}$$

因各次测量误差的数值可正可负，对于整个测量来说不能由某次测量的误差来表达其特点，为此引入平均误差 $\Delta\bar{a}$：

$$\Delta\bar{a} = \frac{|\Delta a_1| + |\Delta a_2| + \cdots + |\Delta a_n|}{n}$$

而平均相对误差为：

$$\frac{\Delta\bar{a}}{a} = \frac{|\Delta a_1| + |\Delta a_2| + \cdots + |\Delta a_n|}{na} \times 100\%$$

误差的单位与被测物理量的单位相同，其数值大小与被测物理量数值的大小无关；而相对误差则是量纲为 1 的量，其数值大小与被测物理量、误差二者数值的大小都有关，不同物理量的相对误差可以互相比较。评定测定结果的精密度以相对误差更为合理。

例如测量 0.5m 长度时所用的尺将引入 ±0.0001m 的误差，则相对误差为（0.0001/0.5）×100% =0.02%，但用同一根尺测量 0.01m 的长度时相对误差为（0.0001/0.01）×100% =1%，比前者大 50 倍。显然用这一尺子来测量 0.01m 长度是不够精密的。

3. 准确度与精密度的表达

准确度是指测量结果的正确性，即偏离真值的程度，准确的数据只有很小的系统误差。精密度是指测量结果的可重复性与所得数据的有效数字，精密度高指的是所得结果具有很小的偶然误差。准确度可用下式来表达：

$$\frac{1}{n}\sum_{i=1}^{n}|a_i - a_{\text{真}}|$$

由于大多数物理化学实验中 $a_{\text{真}}$ 是我们要求测定的结果，一般可近似地用 a 的标准值 $a_{\text{标}}$ 来代替 $a_{\text{真}}$。所谓标准值是指用其他更为可靠的方法测出的值或载之文献的公认值。因此测量的准确度可近似地表示为：

$$\frac{1}{n}\sum_{i=1}^{n}|a_i - a_{\text{标}}|$$

精密度是指在 n 次测量中测量值之间相互偏离的程度。它可判断所做的实验是否精细（注意不是准确度），常用以下三种不同方式来表示：

（1）平均误差 $\Delta\bar{a}$

$$\Delta\bar{a} = \frac{1}{n}\sum_{i=1}^{n}|a_i - \bar{a}|$$

（2）标准误差 σ

$$\sigma = \sqrt{\sum_{i=1}^{n}\frac{(a_i - \bar{a})^2}{n-1}}$$

（3）偶然误差 p

$$p = 0.675\sigma$$

三者在数值上略有不同，它们的关系为：

$$p : \Delta\bar{a} : \sigma = 0.675 : 0.794 : 1.00$$

在物理化学实验中通常是用平均误差或标准误差来表示测量精密度。用平均误差来表示测量精密度的优点是计算方便，但有把质量不高的测量掩盖的缺点。标准误差由于是平方和的开方，能更明显地反映误差，在精密地计算实验误差时最为常用。测量结果常用 $\Delta\bar{a} \pm \sigma$（或 $\bar{a} \pm \Delta\bar{a}$）来表示。$\sigma$（或 $\Delta\bar{a}$）愈小则表示测量的精密度愈高。有时也用相对标准误差 $\sigma_{相对}$ 来表示精密度。

$$a_{相对} = \frac{\sigma}{a} \times 100\%$$

【例 1】 五次测量压力的数据列于表 1－3－1。

表 1－3－1　各次测量压力的数据

i	p/Pa	Δp_i	$\lvert\Delta p_i\rvert$	$\lvert\Delta p_i\rvert^2$
1	98294	－4	4	16
2	98306	＋8	8	64
3	98298	0	0	0
4	98301	＋3	3	9
5	98291	－7	7	49
Σ	491490	0	22	138

其算术平均值为：

$$\bar{p} = \frac{1}{5}\sum_{i=1}^{5} p_i = 98298\text{Pa}$$

平均误差为：

$$\Delta\bar{p} = \pm \frac{1}{5}\sum_{i=1}^{5} \lvert\Delta p_i\rvert = \pm 4\text{Pa}$$

相对平均误差为：

$$\Delta\bar{p}/\bar{p} = \pm(4/98298) \times 100\% = \pm 0.004\%$$

标准误差为：

$$\sigma = \pm[138/(5-1)]^{1/2}\text{Pa} = +6\text{Pa}$$

相对标准误差为：

$$\sigma/\bar{p} = (6/98298) \times 100\% = 0.006\%$$

故上述压力测量值的精密度为 6Pa（或 4Pa），测量结果为（98298 ±6）Pa［或（98298 ±4）Pa］。

由概率论可知，大于 3σ 的误差出现的概率只有 0.3%，故通常把这一数值称为极限误差，即

$$\sigma_{极限} = 3\sigma$$

$$\lvert a_i - \bar{a}\rvert \geqslant 4\Delta\bar{a}$$

如果个别测量的误差超过 3σ，则可认为是由过失误差引起而将其舍弃。由于实际测量是为数不多的几次测量，概率论不适用，而个别失常测量对算术平均值影响很大，为避

免这一影响，有人提出一个简单判断法，即将的 a_i 值视为可疑值弃去。因为这种观察值存在的概率大约只有 0.1%。

4. 测量结果的准确度

要使测量结果达到足够的准确度，需做到以下几点：

（1）按实验要求选用适当规格的仪器和药品，并加以校正或纯化。

（2）测定某物理量 a 时需在相同实验条件下连续重复测量多次，舍去因过失误差而造成的可疑值后，求出其算术平均值 $\bar{a}$ 和平均误差 $\Delta\bar{a}$。

（3）将 $\bar{a}$ 与 $a_{标}$ 作比较，若两者差值 $|\bar{a}-a_{标}|<\Delta\bar{a}$（重复 15 次或更多次的测量）或 $|\bar{a}-a_{标}|<3\Delta\bar{a}$（重复 5 次的测量），测量结果就是正确的。否则说明在实验中有实验条件、实验方法或计算公式等的系统误差存在，需进一步探索，用改变实验条件、方法或计算公式来寻找原因，直至使 $|\bar{a}-a_{标}|<\Delta\bar{a}$（或 $3\Delta\bar{a}$）。如不能达到，同时又能用其他方法证明不存在测定条件、方法或公式等方面的系统误差，则可能是标准值本身存在误差，需重新核实。

（4）仪器的读数精密度。由于在大部分基础物理化学实验中，一般只测一个 a_i，此时可按所用仪器的规格来估计 $\Delta\bar{a}$。例如：温度计一般取其最小分度值的 1/10 或 1/5 作为其 $\Delta\bar{T}$；合格的一等容量玻璃仪器取其满刻度容积的 0.2% 作为其 $\Delta\bar{V}$；测质量的仪器、新的电表可按其说明书中所述来估计其 $\Delta\bar{m}$、$\Delta\bar{a}$。

三、间接测量结果的误差计算

大多数物理化学实验的最后结果都是间接测量值，因此个别测量的误差都反映在最后的结果里。在间接测量误差的计算中，可以看出直接测量的误差对最后的结果产生多大的影响，并可了解哪一方面的直接测量是误差的主要来源。如果我们事先预定最后结果的误差限度，即各直接测量值可允许的最大误差是多少，则由此可决定如何选择适当精密度的测量仪器。仪器的精密程度会影响最后结果，但如果盲目地使用精密仪器，不考虑相对误差，不考虑仪器的相互配合，非但丝毫不能提高结果的准确度，反而枉费精力并造成仪器、药品的浪费。

1. 间接测量结果的误差和相对误差

设某个所要求的物理量 u 是直接测量的物理量 x 和 y 的函数，即 $u=u(x, y)$，直接测量 x 和 y 时其误差为 Δx 和 Δy，它所引起 u 的误差为 Δu，当 Δu、Δx、Δy 与 u、x、y 相比是足够小时，可用它们的微分 $\mathrm{d}u$、$\mathrm{d}x$、$\mathrm{d}y$ 代替，则有：

$$\mathrm{d}u=\left(\frac{\partial u}{\partial x}\right)_y \mathrm{d}x+\left(\frac{\partial u}{\partial y}\right)_x \mathrm{d}y$$

按照定义其相对误差为：

$$\frac{\mathrm{d}u}{u}=\mathrm{d}\ln u=\frac{1}{u}\left(\frac{\partial u}{\partial x}\right)_y \mathrm{d}x+\frac{1}{u}\left(\frac{\partial u}{\partial y}\right)_x \mathrm{d}y$$

例如：求 u 为单项式时 u 的相对误差，设

$$u = k(a^p b^q / c^r)$$

其中 p、q、r 是已知数值，k 是常数，a、b、c 是实验直接测定的数值。对上式取对数得：

$$\ln u = \ln k + p\ln a + q\ln b - r\ln c$$

取微分得：

$$\mathrm{d}u/u = \mathrm{d}\ln u = p\mathrm{d}a/a + q\mathrm{d}b/b - r\mathrm{d}c/c$$

我们并不知道这些误差的符号是正还是负，但考虑到最不利的情况下，直接测量的正、负误差不能对消而引起误差的积累，故取相同符号。即

$$\mathrm{d}u/u = \mathrm{d}\ln u = p\mathrm{d}a/a + q\mathrm{d}b/b + r\mathrm{d}c/c$$

这样所得的相对误差为最大，称为误差上限。显然，最终结果的相对误差比其中任一测量值的相对误差都大。对于 u 为其他函数关系时误差的计算列于表 1-3-2。

表 1-3-2　u 为其他函数关系时误差的计算公式

函数关系	绝对误差	相对误差
$u = x + y$	$\pm(\lvert \mathrm{d}x\rvert + \lvert \mathrm{d}y\rvert)$	$\pm(\lvert \mathrm{d}x\rvert + \lvert \mathrm{d}y\rvert)/(x+y)$
$u = x - y$	$\pm(\lvert \mathrm{d}x\rvert + \lvert \mathrm{d}y\rvert)$	$\pm(\lvert \mathrm{d}x\rvert + \lvert \mathrm{d}y\rvert)/(x-y)$
$u = xy$	$\pm(y\lvert \mathrm{d}x\rvert + x\lvert \mathrm{d}y\rvert)$	$\pm(\lvert \mathrm{d}x\rvert/x + \lvert \mathrm{d}y\rvert/y)$
$u = x/y$	$\pm(\lvert \mathrm{d}x\rvert + \lvert \mathrm{d}y\rvert)/y^2$	$\pm(\lvert \mathrm{d}x\rvert/x + \lvert \mathrm{d}y\rvert/y)$
$u = x^n$	$\pm nx^{n-1}\mathrm{d}x$	$\pm[n(\mathrm{d}x/x)]$
$u = \ln x$	$\pm \mathrm{d}x/x$	$\pm[\mathrm{d}x/(x\ln x)]$
$u = \sin x$	$\pm(\cos x\mathrm{d}x)$	$\pm(\cos x\mathrm{d}x)/\sin x$

【例 2】 误差的计算。

液体的摩尔折射度公式为 $[R] = \dfrac{n^2-1}{n^2+2} \times \dfrac{M}{\rho}$，苯的折射率 $n = 1.497 \pm 0.0003$，密度 $\rho = (0.8737 \pm 0.0002)\mathrm{g/cm^3}$，摩尔质量 $M = 78.05\mathrm{g/mol}$。求间接测量［R］的误差和相对误差。

解：

$$[R] = \frac{1.4979^2 - 1}{1.4979^2 + 2} \times \frac{78.05\mathrm{g/mol}}{0.8337\mathrm{g/cm^3}} = 26.02\mathrm{cm^3/mol}$$

把折射度公式两边取对数并微分可得：

$$\mathrm{d}\ln[R] = \mathrm{d}\ln(n^2 - 1) - \mathrm{d}\ln(n^2 + 2) - \mathrm{d}\ln\rho$$

整理得：

$$\frac{\mathrm{d}R}{R} = \left[\frac{2n}{n^2-1} - \frac{2n}{n^2+2}\right]\mathrm{d}n - \frac{\mathrm{d}\rho}{\rho}$$

代入有关数据得：

$$\Delta[R] = \pm 0.019\mathrm{cm^3/mol}$$

$$\frac{\Delta[R]}{R} = \pm\frac{0.019\mathrm{cm^3/mol}}{26.20\mathrm{cm^3/mol}} \times 100\% = \pm 0.072\%$$

【例 3】 仪器的选择。

采用电热补偿法，在 12mol H_2O 中分次加入 KNO_3（固体）的溶解热测定中，求 KNO_3 在水中的积分溶解热 Q_s。若控制相对误差在 3% 以内，应选择什么样规格的仪器？

各直接测量物理量的数值分别为：电流 $I = 0.5\mathrm{A}$，电压 $U = 4.5\mathrm{V}$，最短的时间 $t = 400\mathrm{s}$，最少的样品质量 $m_{KNO_3} = 3\mathrm{g}$。

解：

$$Q_s = M_{KNO_3} IUt/m_{KNO_3}$$

$$\ln Q_s = \ln M + \ln I + \ln U + \ln t - \ln m$$

最大相对误差为：

$$\mathrm{d}Q_s/Q_s = \mathrm{d}I/I + \mathrm{d}U/U + \mathrm{d}t/t + \mathrm{d}m/m$$

$$= \mathrm{d}I/(0.5\mathrm{A}) + \mathrm{d}U/(4.5\mathrm{A}) + \mathrm{d}t/(400\mathrm{s}) + \mathrm{d}m/(3\mathrm{g})$$

由上式可知最大的误差来于测定 I 和 U 所用电流表和电压表。因为在时间的测定中用秒表误差不会超过 1s，相对误差为 1s/400s = 0.25%。称量 KNO_3 如用分析天平只要读至小数点后第三位即 $\mathrm{d}U = 0.001\mathrm{g}$，相对误差仅为 0.07%（称量水只需用台天平，因 $\mathrm{d}U$ 虽为 0.2g，但其相对误差为 0.2g/200g = 0.1%）。电流表和电压表的选择以及在实验中对 I、U 的控制是本实验的关键。为把 Q_s 的相对误差控制在 3% 以下，$\mathrm{d}I/I$ 和 $\mathrm{d}U/U$ 都应控制在 1% 以下。故需选用 1.0 级的电表（准确度为最大量程值的 1%），且电流表的全量程为 0.5A，电压表的全量程为 5V[$\mathrm{d}I/I = (0.5\mathrm{A} \times 0.01)/0.5\mathrm{A} = 1\%$，$\mathrm{d}U/U = (0.5\mathrm{V} \times 0.01)/4.5\mathrm{A} = 1.1\%$]。

【例 4】 测量过程中最有利条件的确定。

在利用惠斯登电桥测量电阻时（见图 1-3-3），电阻尼 R_x 为：

$$R_x = Rl_1/l_2 = R(L - l_2)/l_2$$

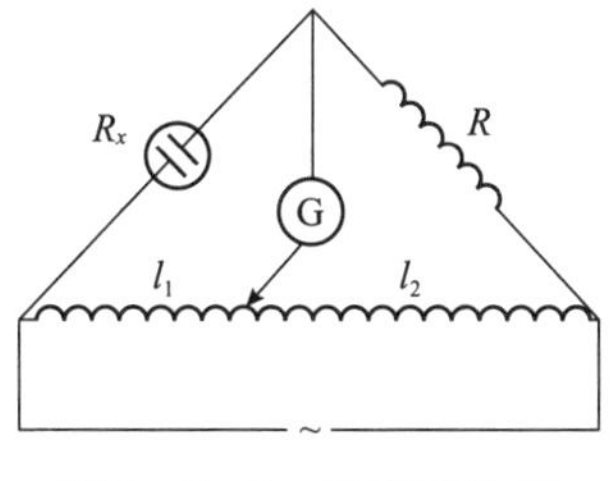

图 1-3-3　惠斯登电桥

式中：R 是已知电阻；L 是电阻丝全长（$l_1 + l_2 = L$）。因此，间接测量 R_x 的误差取决于直接测量 l_2 的误差：

$$\mathrm{d}R_x = \pm(\partial R_x/\partial l_2)\mathrm{d}l_2 = \pm(RL/l_2^{\,2})\mathrm{d}l_2$$

相对误差为：

$$dR_x/R_x = \pm[(RL/l_2^{\ 2})dl_2]/[R(L-l_2)l_2]$$
$$= \pm[L/(L-l_2)l_2]dl_2$$

因为 L 是常量，所以当 $(L-l_2)/l_2$为最大时，其相对误差最小，即

$$d[(L-l_2)l_2]/dl_2 = 0$$

得

$$L-2l_2 = 0$$

故

$$l_2 = L/2$$

所以用惠斯登电桥测量电阻时，电桥上的接触点最好放在电桥中心。由测量电阻可以求得电导，而电导的测量是物理化学实验中常用的物理方法之一。

四、有效数字

在实验科学中，数的用途有两大类：一类是用来数“数目”的，例如点钞票，无论谁来数，无论用什么方法，无论在什么时候数，都会得到同一数目；另一类是表示测量结果的，这一类数的末一位往往是估计得来的，因此具有一定的误差。例如，我们用最小分度为 $0.1cm^3$ 的量筒量取某液体的体积，某实验者读为 $5.14cm^3$，则我们知道该量筒能准确读出这个数的前两位（5.1），而末位数的4是实验者估计出来的。因此，不同的实验者就有可能有不同的估计，有人可能读为5.13，有人可能读为5.15，一般认为最后一位数字的不确定范围为±3。我们在读取或记录一个数据时，只保留一位不确定的数字（即估计出来的数字），测量中所有确定的数字和一位不确定的数字合称为有效数字。

在实验数据处理中，常需要运算一些有效数字位数不同的数值。现将其运算规则介绍如下：

（1）误差一般只有一位有效数字。

（2）任何一个物理量的数值，其有效数字的最后一位，在位数上应与误差的最后一位划齐。例如，记成 1.35 ± 0.01 是正确的，若记成 1.351 ± 0.01 或 1.3 ± 0.01 则意义不明确。

（3）为了明确地表明有效数字的位数，凡用“0”仅表明小数点位置的，通常用乘10的相当幂次来表示，例如0.00312应记作 3.12×10^{-3}，对于像16700这样的数，如果实际测量只能取四位有效数字（第四位由估计而得），则应写成 1.670×10^4。

（4）任何一次测量，都应记录到仪器刻度的最小估计读数。

（5）在运算中舍去多余的数字时，采用“4舍6入逢5尾留双”的法则。例如，将下列数值9.436、9.434、9.435、9.445整化为三位有效数字，根据上述法则，整化后的数值为9.44、9.43、9.44、9.44。

（6）在加减运算中，各数值小数点后取的位数以其中位数最少的为准。例如13.65、0.0082、1.632三个数相加，其和为：

$$13.65+0.01+1.63=15.29$$

（7）在乘除运算中，各数所取有效数字位数由有效数字位数最少的数值的相对误差决定。运算结果的有效数字位数亦取决于最终结果的相对误差。例如 $2.0168\times0.0191/96$，此例中因未指明各数值的误差，据前所述，一般最后一位数字的不确定范围为 ±3。上述中 96 的有效数字最少，其相对误差为 $3/96\times100\%=3.1\%$；数值 2.0168 误差为 $2.0168\times3.1\%=0.063$，已影响 2.0168 的末三位有效数字，故将 2.0168 改写为 2.02；数值 0.0191 的误差为 $00191\times3.1\%=0.00059$，故仍写为 0.0191。因此上式改写为 $2.02\times0.0191/96=0.0004019$。

最终结果的相对误差为：

$$0.03/2.0168+0.0003/0.0191+3/96=4.7\%$$

数值 0.0004019 的误差为：

$$0.0004019\times4.7\%=0.000019$$

故结果的有效数字应只有两位，即应记作 4.0×10^{-4}。

（8）在对数运算中，所取对数尾数应与真数的有效数字位数相同。例如：

$$\lg(7.1\times10^{28})=28.85$$

五、实验数据的表示法

物理化学实验结果的表示方法主要有三种：列表法、图解法和数学方程式法。

1. 列表法

列表法就是将实验数据用表格的形式表达出来。其优点是能使全部数据一目了然，便于检查和进一步处理。

列表时应注意以下几点：

（1）每一表格应有简明完备的名称。

（2）由于表格中列出的是一些纯数（数值），因此表的栏头也应该是一纯数。这就是说：应当是量的符号 A 除以单位的符号［A］，即 $A/[\mathrm{A}]$，例如 p/Pa；或者量纲为一个纯数的量，例如 K^3；或者是这些纯数的数学函数，例如 $\ln(p/\mathrm{Pa})$。若表中数据有公共的乘方因子，为简便起见，可将公共的乘方因子写在栏头内。例如不同温度下水的离子积有公共乘方因子 10^{-14}，则栏头可写为 $K_w/10^{-14}$。

（3）在每一列中所列数据要排列整齐，位数和小数点要上下对齐。

2. 图解法

利用图解法来表达物理化学实验数据具有许多优点，首先它能清楚地显示出所研究物理量的变化规律和特点，如极大、极小、转折点、周期性、数值的变化速率等重要性质；其次，能够利用足够光滑的曲线，作图解微分和图解积分。有时还可通过作图外推以求得实验难于获得的量。

图解法被广泛运用，其中重要的有：

（1）求内插值　根据实验所得的数据，作出函数间相互关系的曲线，然后找出与某函数相应的物理量的数值。

（2）求外推值　在某些情况下，测量数据间的线性关系可用于外推至测量范围以外，求某一函数的极限值，此种方法称为外推法。使用外推法时应注意外推范围距实际测量的范围不能太远，外推所得的结果与已有的正确经验不能有抵触。

（3）作切线求函数的微商　从切线的斜率求函数的微商在物理化学实验数据处理中是经常应用的。在曲线上作切线通常有以下两种方法：

①镜像法　如要作曲线上某一指定点的切线，可取一块平面镜垂直放在图纸上，使镜的边缘与线相交于该指定点。以此点为轴旋转平面镜，直至图上曲线与镜中曲线的映像连成光滑的曲线时，沿镜面作直线即为该点的法线，再作这法线的垂直线，即为该点切线。如果将一块薄的平面镜和一直尺垂直组合，使用时更方便，如图 1-3-4 所示。

②平行线法　在选择的曲线段上作 2 条平行线 *AB* 及 *CD*，作 *M* 线段中点的连线交曲线于 *O* 点，作与 *AB* 及 *CD* 的平行线 *EOF* 即为 *O* 点的切线，如图 1-3-5 所示。

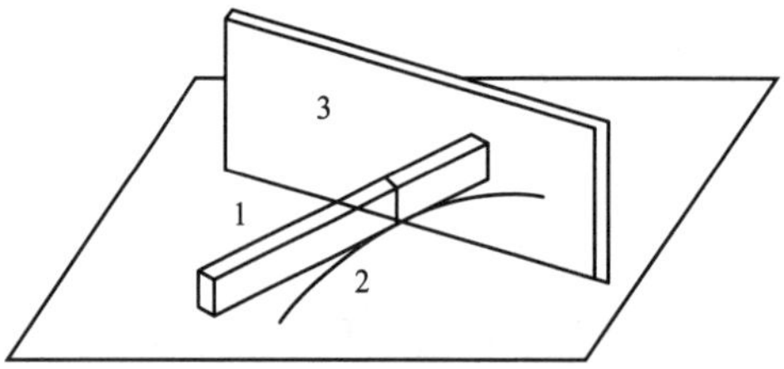

图 1-3-4　镜像法作切线示意图

1—直尺；2—曲线；3—镜子

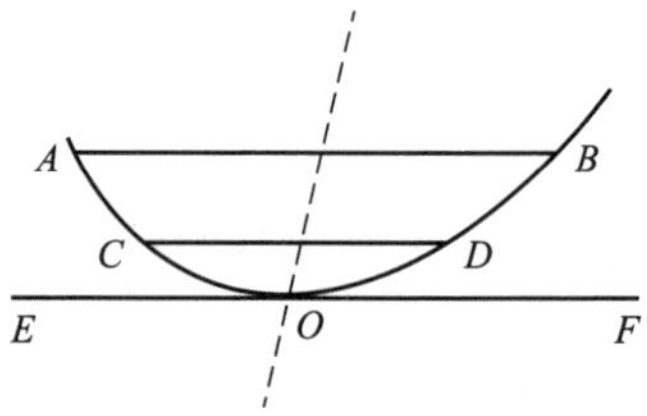

图 1-3-5　平行线法作切线示意图

（4）求经验方程式　例如反应速率系数 k 与活化能 E_a 的关系式即阿仑尼乌斯公式为：

$$k = Ae^{-E_a/RT}$$

若根据不同温度下的 k 值，作 $\lg k - 1/T$ 图，则可得一条直线，由直线的斜率和截距分别可求得活化能 E_a 和指前因子 A 的数值。

（5）由求面积计算相应的物理量　例如在求电量时，只要以电流和时间作图，求出相应一定时间的曲线下所包围的面积即得电量数值。

（6）求转折点和极值　例如电位滴定和电导滴定时的化学计量点求得，最高和最低恒沸点的测定等都是应用图解法。

作图的一般步骤及原则如下：

（1）坐标纸的选择与横、纵坐标的确定　直角坐标纸最为常用，有时半对数坐标纸或双对对数坐标纸也可选用，在表达三组分体系相图时，常采用三角坐标纸。

在用直角坐标纸作图时，习惯上以自变量为横轴，因变量为纵轴，横轴与纵轴的读数一般不一定从零开始，可视具体情况而定。

例如：测定物质 B 在溶液中的摩尔分数 x_B 与溶液的蒸气压 p，得到表 1-3-3 所示数据，其关系符合理想溶液的性质关系。

表 1-3-3　摩尔分数 x_B 与溶液的蒸气压 p 的关系

x_B	0.02	0.20	0.0	0.58	0.78	1.00
p/mmHg	128.7	137.4	144.7	154.8	162.0	172.5

由于溶液的蒸气压 p 是随摩尔分数 x_B 而变化的，因此我们取 x_B 为横坐标、p 为纵坐标。

（2）坐标的范围　确定坐标的范围就是要包括全部测量数据或稍有余地。上例中：x_B 的变化范围为 $1.00-0.02=0.98$；p 的变化范围为 $172.5\text{mmHg}-128.7\text{mmHg}=43.8\text{mmHg}$。坐标起点初步可定为（0，125.0），横坐标 x_B 的范围为 0 ~ 1.00，纵坐标 p 的范围为 125.0 ~ 175.0mmHg。

（3）比例尺的选择　坐标轴比例尺的选择极为重要。由于比例尺的改变，曲线形状也将跟着改变，若选择不当，可使曲线的某些相当于极大、极小或转折点的特殊部分看不清楚。

比例尺选择的一般原则：首先，要能表示全部有效数字，以便从图解法求出各量的准确度与测量的准确度相适应，为此将测量误差较小的量取较大的比例尺。由实验数据作出曲线后，则从图上得到某量结果的误差是由两个因素所引起，即实验数据本身的误差及作图带来的误差，为使作图不致影响实验数据的准确度，一般将作图的误差尽量减少到实验数据误差的三分之一以下，这就使作图带来的误差可以忽略不计了。其次，图纸每一小格所对应的数值既要便于迅速简便地读数又要便于计算，如 1、2、5 或者是 1、2、5 的 10^n 倍（n 为正或负整数），要避免用 3、6、7、9 这样的数值及它们的 10^n 倍。最后，若作的图形为直线，则比例尺的选择应使其直线与横轴交角尽可能接近于 45°。

确定横坐标比例尺的方法可选用下列两种方法中的任一种，其结果都相同。

方法一：由于图纸每小格有 0.2 格的误差，所以要保证作图带来的误差必须小于 x_B 的误差的 1/3，这样才能不影响实验的准确度。对于上例中，如 x_B 的比例尺即每小格代表 x_B 的量以 r_{x_B} 表示，r_{x_B} 和 x_B 的误差 Δx_B 的关系为：

$$r_{x_B}\times\text{作图误差}\leqslant\text{实验误差}/3$$

$$r_{x_B}\times 0.2\leqslant\Delta x_B/3$$

实验数据中没有给出 x_B 的误差，但从数据的有效数字来看，一般认为有效数字末位有一个单位的误差，即 $\Delta x_B=0.01$，代入上式得：

$$r_{x_B}\times 0.2\leqslant 0.01/3$$

故

$$r_{x_B}\leqslant 0.01/(0.2\times 3)=0.01/0.6=0.017$$

每小格为 0.017，属于不完整数值，不可作为比例尺，只能改为 0.02 或 0.01。若取 $r_{x_B}=0.02$/格，则作图误差为 $0.02\times 0.2=0.004$，是 Δx_B 的 1/2.5，如以 $r_{x_B}=0.02$/格作图所绘曲线大小，不适用；若取 $r_{x_B}=0.01$/格时，则作图误差为 $0.01\times 0.2=0.002$，是 Δx_B 的 1/5，因此取 $r_{x_B}=0.01$/格是适宜的。

方法二：直接把每小格当作 x_B 的有效数字中末位的一个或两个单位，在没有给出测定值的误差时，此法最为方便。

上例中 x_B 的有效数字中末位是在小数点后第二位，所以可取 $r_{x_B}=0.01/$ 格或 0.02/格。如取 $r_{x_B}=0.02/$ 格，图纸带来的误差 $0.02\times0.2=0.004$ 为 Δx_B 的 1/2.5，因作图时只用 50 格，因此还是取 $r_{x_B}=0.01/$ 格为宜，一方面忽略了作图的误差，另一方面又使绘成的图形不会太小。

（4）画坐标轴　选定比例尺后，画上坐标轴，在轴旁注明该轴所代表变量的名称和单位。在纵轴之左面和横轴下面每隔一定距离写下该处变量应有之值（标度），以便作图及读数，但不应将实验值写于坐标轴旁。读数时横轴自左至右，纵轴自下而上。

上面已确定 x_B 的比例尺为 0.01/格，即横坐标每小格为 0.01，x_B 的变化范围从 0.02 至 1.00，所以横坐标取 100 小格，起点为 0。按比例尺选择的一般原则，纵坐标也应取 100 小格左右，p 的变化范围为 43.0mmHg，所以 $r_p=43.0\text{mmHg}/100$ 格 $=0.43\text{mmHg}/$格，可取 0.5mmHg，这样纵坐标长度约为 90 小格，起点可定为 125mmHg。

已知 $r_{x_B}=0.01/$ 格，$r_p=0.5\text{mmHg}/$格，坐标起点为（125，0），即可在坐标纸上作好标度。没有必要在每 10 小格处都标度，可在横坐标起点、20、40、60、80 及 100 小格下面分别写上 0、0.20、0.40、0.60、0.80 及 1.00，在纵坐标起点、50 和 100 小格左面分别写上 125.0、150.0、175.0 即可。

（5）描点　将相当于测得数值的点绘于图上，在点的周围画上 × 、小圆圈、小方块或其他符号（一般情况下其面积大小应近似地显示测量的准确度。如测量的准确度很高，圆圈应尽量画得小些，反之就大些）。在一张图纸上如有数组不同的测量值时，各组测量值的代表点以不同符号表示，以示区别，并须在图上注明。

（6）连曲线　把点描好后，用曲线板或曲线尺作出尽可能接近于各实验点的曲线，曲线应平滑均匀、细而清晰。曲线不必通过所有的点，但各点在曲线两旁之分布，在数量上应近乎相等；各点和曲线间的距离表示了测量的误差，曲线两侧各点与曲线距离之和亦应最小。

如果在理论上已阐明自变量和因变量为直线关系，或从描点后各点的走向来看是一直线，就应画为直线，否则按曲线来反映这些点的规律。

在画直线时，一般先取各点的重心，此重心位置是两个变量的平均值。上例中此溶液具有理想溶液的性质，故 x_B 与 p 应为直线关系，在 $p-x_B$ 图中 $x_B=0.48$，$p=150.0\text{mmHg}$。坐标（0.48，150.0）即为图上各点的重心，通过此重心，选好一直线，使各点在此直线两边分布较均匀（若不是直线关系，则不必求重心）。

（7）写图名　写上清楚完备的图名及坐标轴的比例尺。图上除了图名、比例尺、曲线、坐标轴及读数之外，一般不再写其他内容及作其他辅助线。数据亦不要写在图上，但在实验报告上应有相应的完整的数据。上例中在图的下面写明“溶液蒸气压和物质 B 的摩尔分数关系图”，即 $p-x_B$ 关系图（见图 1－3－6）。

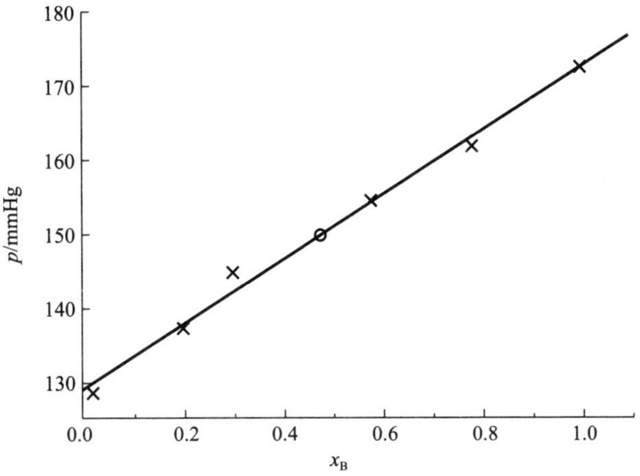

图 1-3-6 溶液蒸气压和物质 B 的摩尔分数（$p-x_B$）关系图

（8）正确选用绘图仪器　绘图所用的铅笔应该削尖，才能使线条明晰清楚，画线时应辅以直尺和曲线尺（板），选用的直尺或曲线尺（板）应透明，才能全面地观察实验点的分布情况，作出合理的线条来。

3. 数学方程式法

该法是将实验中各变量间关系用函数的形式，如 $y=f(x)$ 或 $y=f(x, z)$ 等表达出来。此法表达方式简单，记录方便，也便于求微分、积分和内插值等。

建立经验方程式的基本步骤为：

（1）将实验测定的数据加以整理与校正。

（2）选出自变量和因变量并绘出曲线。

（3）由曲线的形状，根据解析几何的知识，判断曲线的类型。

（4）确定公式的形式，将曲线变换成直线关系或者选择常数将数据表达成多项式。常见的例子见表 1-3-4。

表 1-3-4　曲线变换成直线关系的常例

方程式	变　换	直线化后得到的方程式
$y=ae^{bx}$	$Y=\ln y$	$Y=\ln a+bx$
$y=ax^b$	$Y=\lg y$，$X=\lg x$	$Y=\lg a+bx$
$y=1/(a+bx)$	$Y=1/y$	$Y=a+bx$
$y=x/(a+bx)$	$Y=x/y$	$Y=a+bx$

（5）用以下方法之一来确定经验方程式中的常数：

①作图法　对于简单方程

$$y=mx+b$$

在 $y-x$ 的直角坐标图上，用实验数据描点得一直线，可用两种方法求 m 和 b。

方法一：截距斜率方法。将直线延长交于 y 轴，在 y 轴上的截距即为 b，而直线与 x

轴的交角若为 θ，则斜率 m 就可求得。

方法二：端值方法。在直线两端选两个点（x_1，y_1）、（x_2，y_2），将它们代入下式即得：

$$m = (y_1 - y_2)/(x_1 - x_2)$$

$$b = y_1 - mx_1 = y_2 - mx_2$$

②计算法　设实验测得 n 组数据（x_1，y_1）、（x_2，y_2）、…、（x_n，y_n），且都符合直线方程，则可建立如下方程组：

$$\begin{aligned} y_1 &= mx_1 + b \\ y_2 &= mx_2 + b \\ &\vdots \quad \vdots \\ y_n &= mx_n + b \end{aligned}$$

由于测定值都有偏差，若定义

$$\delta_i = mx_i + b - y_i \qquad (i = 1,2,3,\cdots,n)$$

δ_i 为第 i 组数据的残差。通过残差处理，可求得 m 和 b。

对残差的处理有两种方法。

方法一：平均法。平均法的基本思想是正、负残差的代数和为零。即

$$\sum_{i=1}^{n} \delta_i = 0$$

将上列方程组分成数目相等或接近相等的两组，并叠加起来得：

$$\sum_{i=1}^{k} \delta_i = m\sum_{i=1}^{k} x_i + kb - \sum_{i=1}^{k} y_i = 0$$

$$\sum_{i=k+1}^{n} \delta_i = m\sum_{i=k+1}^{n} x_i + (n-k)b - \sum_{i=k+1}^{n} y_i = 0$$

将上面两个方程联立解之，便可求得 m 和 b。平均法在处理 6 个以上比较精密的数据时，结果比作图法好。

方法二：最小二乘法。平均法的设想并不严密，因为在有限次测量中，残差的代数和并不一定为零。最小二乘法则认为在有限次测量中，最佳结果应能使标准误差最小，所以残差的平方和亦应为最小。

设 S 为残差的平方和，则

$$S = m\sum_{i=1}^{n} \delta_i^2 = \sum_{i=1}^{n} (mx_i + b - y_i)^2$$

使 S 为最小的必要条件为：

$$\frac{\partial S}{\partial m} = 2\sum_{i=1}^{n} x_i(m + b - y_i) = 0$$

$$\frac{\partial S}{\partial b} = 2\sum_{i=1}^{n} (mx_i + b - y_i) = 0$$

将上两式联立，便可解出 m 和 b：

$$m = \left(n\sum_{i=1}^{n} x_i y_i - \sum_{i=1}^{n} x_i \sum_{i=1}^{n} y_i\right) / \left[n\sum_{i=1}^{n} x_i^2 - \left(\sum_{i=1}^{n} x_i\right)^2\right]$$

$$b = \left(n\sum_{i=1}^{n} x_i^2 \sum_{i=1}^{n} y_i - \sum_{i=1}^{n} x_i \sum_{i=1}^{n} x_i y_i\right) / \left[n\sum_{i=1}^{n} x_i^2 - \left(\sum_{i=1}^{n} x_i\right)^2\right]$$

最小二乘法需要 7 个以上的数据，处理虽较繁琐，但结果可靠，是最准确的处理方法。

【例 5】 现有下表所列数据，求经验方程式（已知该方程为线性方程：$y = mx + b$）。

x	1	3	8	10	13	15	17	20
y	3.0	4.0	6.0	7.0	8.0	9.0	10.0	11.0

解：（1）平均法。将实验数据代入 $y = mx + b$ 得：

①$b + m = 3.0$　　⑤$b + 13m = 8.0$

②$b + 3m = 4.0$　　⑥$b + 15m = 9.0$

③$b + 8m = 6.0$　　⑦$b + 17m = 10.0$

④$b + 10m = 7.0$　　⑧$b + 20m = 11.0$

将前四式作为一组，相加得一方程，后四式作为一组，相加得另一方程，即

$$\begin{cases} 4b + 22m = 20.0 \\ 4b + 65m = 38.0 \end{cases}$$

解此联立方程组，得：

$$b = 2.70,\ m = 0.420$$

所以，经验方程式为：

$$y = 0.420x + 2.70$$

（2）最小二乘法。将有关数据列于下表。

x_i	y_i	x_i^2	$x_i y_i$
1	3.0	1	3.0
3	4.0	9	12.0
8	6.0	64	48.0
10	7.0	100	70.0
13	8.0	169	104.0
15	9.0	225	135.0
17	10.0	289	170.0
20	11.0	400	220.0

由表可知：$n = 8$，$\sum x_i = 87$，$\sum y_i = 58.0$，$\sum x_i^2 = 1257$，$\sum x_i y_i = 762.0$。

将上述数据代入最小二乘法公式中得：

$$m = (8 \times 762.0 - 87 \times 58.0)/(8 \times 1257 - 87^2) = 0.422$$

$$b = (1257 \times 58.0 - 8 \times 762.0)/(8 \times 1257 - 87^2) = 2.66$$

所以，经验方程为：

$$y = 0.422x + 2.66$$

习 题

1. 某一液体的密度经多次测定为：①1.082g/cm^3；②1.079g/cm^3；③1.080g/cm^3；④1.076g/cm^3。求其平均误差、相对平均误差、标准误差和精密度。

2. 以苯为溶剂，用沸点升高法测定萘的摩尔质量按下式计算：

$$M = (2.53 \times 1000)\,\mathrm{g \cdot K \cdot mol^{-1}} \times m_B/(m_A \Delta T_b)$$

已知纯苯的沸点在贝克曼温度计上的读数为 (2.975 ± 0.05)℃，溶液［含苯(87.0 ±0.1)g(m_A)，含萘 (1.054 ±0.001)g(m_B)］的沸点读数为 (3.210 ±0.005)℃。试计算萘的摩尔质量，估计其平均误差和标准误差，并讨论影响该实验的主要误差是什么？

3. 不同温度下测得氨基甲酸铵的分解反应为：

$$NH_2CO_2NH_4(s) = 2NH_3(g) + CO_2(g)$$

其数据如下表所示。

T/K	298	303	308	313	318
lg$k$	-3.638	-3.150	-2.717	-2.294	-1.877

试用最小二乘法求出 lg$k$ 对 $1/T$ 的关系式。并求出平均热效应 ΔH（设 ΔH 在此测定温度范围内为一常数）。

第二章　实验内容

化学热力学

实验1　恒温槽的装配与性能测试

一、实验目的

(1) 了解恒温槽的构造和原理。

(2) 绘制恒温槽灵敏度曲线（温度－时间曲线）。

(3) 掌握数字贝克曼温度计使用方法。

二、实验原理

在物理化学实验中所测得的数据，如折射率、黏度、蒸气压、表面张力、电导、化学反应速率常数等都与温度有关，所以许多物理化学实验必须在恒温下进行。通常用恒温槽来控制温度维持恒温。恒温槽之所以能维持恒温，主要是依靠恒温控制器来控制恒温槽的热平衡。当恒温槽因对外散热而使水温降低时，恒温控制器就使恒温槽内的加热器工作，待加热到所需的温度时，它又使加热器停止加热，这样就使槽温保持恒定。恒温槽装置如图2－1－1所示。

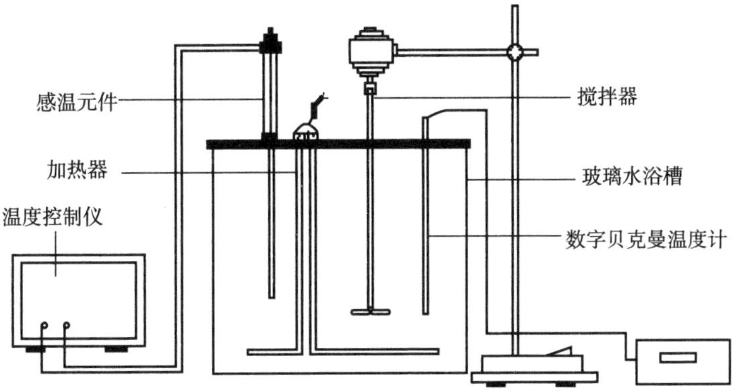

图2－1－1　恒温槽装置示意图

由于这种温度控制装置属于“通”“断”类型，当加热器接通后传质温度上升并传递给温度控制仪。因为传质传热都有一个速度，就会出现温度传递的滞后。因此，恒温槽温度必高于指定温度。同理，降温时也会出现滞后状态。

由此可见，恒温槽控制的温度是一个有波动范围的温度，而不是控制在某一固定不变的温度，并且恒温槽内各处的温度也会因搅拌效果的优劣而不同。控制温度的波动范围越小，各处的恒温越均匀，恒温槽的灵敏度越高。灵敏度是衡量恒温槽性能的主要标志。它除与感温元件、电子继电器有关以外，还受搅拌器的效率、加热器的功率等因素的影响。

恒温槽灵敏度的测定是在指定温度下，观察温度的波动情况。用较灵敏的温度计，如数字贝克曼温度计，记录温度随时间的变化，最高温度为 T_1，最低温度为 T_2，则恒温槽的灵敏度 T_e为：

$$T_e = \pm \frac{1}{2}(T_1 - T_2)$$

灵敏度常常以温度 T（℃）为纵坐标，以时间 t 为横坐标，绘制成温度－时间曲线来表示。

三、实验仪器

76－1 型玻璃恒温水浴 1 套，SWC－II_D精密数字温度温差仪 1 台。

四、实验操作步骤

（1）接通电源，调好适当的搅拌速度，将温度指示控制仪的温控选择盘调至所需温度（开始适当低一点），随后应认真地观察恒温槽中的精密温度计。绿灯亮，表示水浴加热，红灯亮，表示停止加热。加热指示灯刚刚熄灭时，精密温度计的读数就是设定温度。

（2）当温度达到设定温度值后，认真地观察（通过指示灯）电热器通、断的时间是否大致相同，以及周期是否较短，否则应通过调节加热器的功率或恒温槽的容量以及适当变化搅拌的速度等措施来达到上述要求。

（3）将贝克曼温度计调节到设定温度下其读数在 2～3 之间，然后放在恒温槽中精密温度计附近。

（4）控温曲线的测定：当恒温槽的温度稳定后（30℃或 40℃），观察贝氏温度计的读数，每隔 1min 记录 1 次（时间间隔应根据加热器的通与断周期掌握，即不一定要 1min 记一次，也可半分钟记一次），总之在 1 个通与断周期中最好能记录 5 个数据，连续测定 3 个周期。

五、实验数据记录与处理

1. 数据记录

室温：实验开始读数____________ 大气压强：实验开始读数 ____________

实验结束读数________　　实验结束读数________

平均值________　　平均值________

时间/min	
温度/℃	

2. 数据处理

(1) 以时间 t 为横坐标，温度 T(℃)为纵坐标，绘制控温曲线。

(2) 计算灵敏度 T_e。

(3) 计算横坐标基线。

恒温槽温度波动为：

$$T_{40℃} = (40 \pm T_e)$$

$$T_{30℃} = (30 \pm T_e)$$

六、思考题

(1) 影响恒温槽灵敏度的主要因素有哪些?

(2) 欲提高恒温槽的控温精确度，应采取哪些措施?

实验 2　燃烧热的测定

一、实验目的

（1）用氧弹式量热计测定萘或木炭的燃烧热，明确燃烧热的定义，了解恒压燃烧热与恒容燃烧热的差别及相互关系。

（2）掌握有关热化学实验的一般知识和测量技术，了解氧弹式量热计的原理、构造及使用方法。

（3）明确所测温差值为什么要进行雷诺图的校正。

二、实验原理

1mol 物质完全氧化时的反应热称为燃烧热。所谓完全氧化是指 $C \rightarrow CO_2(g)$，$H_2 \rightarrow H_2O(l)$，$S \rightarrow SO_2(g)$，而 N、卤素、银等元素变为游离状态。如在 25℃下，苯甲酸的燃烧热为 －3226.8kJ/mol。

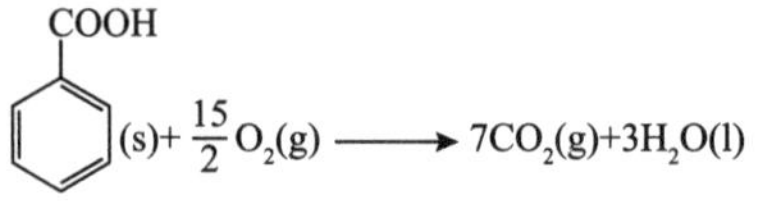

燃烧热可在恒容或恒压情况下测定。由热力学第一定律可知：在不做非膨胀功的情况下，恒容燃烧热 $Q_v = \Delta U$，恒压燃烧热 $Q_p = \Delta H$。在氧弹式量热计中测得燃烧热为 Q_v，而一般化学计算用的值为 Q_p，这两者可通过下式进行换算：

$$Q_p = Q_v + \Delta nRT \tag{2-2-1}$$

式中：Δn 为反应前后生成物和反应物中气体的摩尔数之差；R 为摩尔气体常数；T 为反应温度（K）。

在盛有定量水的容器中，放入内装有一定量的样品和氧气的密闭氧弹，然后使样品完全燃烧，放出的热量传给水及仪器，引起温度上升。若已知水量为 W 克，仪器的水当量为 W'（量热计每升高 1℃所需的热量），燃烧前、后的温度为 t_0 和 t_n，则 m 克物质的燃烧热为：

$$Q'_v = (CW + W')(t_n - t_0) \tag{2-2-2}$$

若水的比热 C 为 1，摩尔质量为 M 的物质，其摩尔燃烧热为：

$$Q_{v.m} = \frac{M}{m}(W + W')(t_n - t_0) \tag{2-2-3}$$

水当量 W' 的求法是用已知燃烧热的物质（如本实验用苯甲酸）放在量热计中燃烧，测其始、末温度，按式（2－2－3）求出 W'。一般因每次的水量相同，$(W + W')$ 可作为

一个定值 $\overline{W}$ 来处理。故

$$Q_{v,m} = \frac{M}{m}(\overline{W})(t_n - t_0) \tag{2-2-4}$$

在较精确的实验中，辐射热、铁丝的燃烧热、温度计的校正等都应予以考虑。

三、实验仪器与试剂

（1）实验仪器　HR－15B 型氧弹式量热计 1 套（见图 2－2－1），氧气钢瓶，万用表，BH－ⅡS 型燃烧热数据采集 1 台接口装置（见图 2－2－1），电脑 1 台，1000mL 容量瓶。

（2）实验试剂　苯甲酸（AR），萘（AR），木炭。

图 2－2－1　HR－15B 型氧弹式量热计和燃烧热数据采集接口装置

四、实验操作步骤

1. 仪器热容量的测定

（1）装样　在电子天平上准确称量已压好的苯甲酸药片（约 0.6g，见图 2－2－2）于氧弹（见图 2－2－3）的燃烧杯中，量取 15cm 的燃烧丝并称重，将其中部在小铁钉上绕 7～8 圈使其成螺线管状，然后接在氧弹盖上的两根点火电极上，并使螺线管状部分贴在样品上方，但燃烧丝不能碰触到燃烧杯的边沿，用万用表测量导通良好，必要时在药片与螺线管状间滴一滴助燃剂。

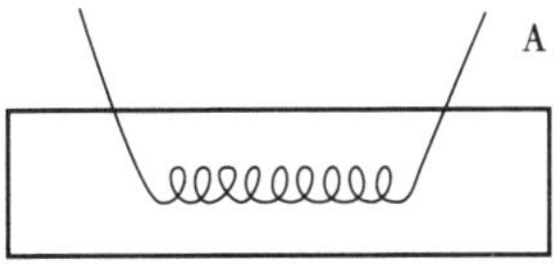

图 2－2－2　压好的样品图

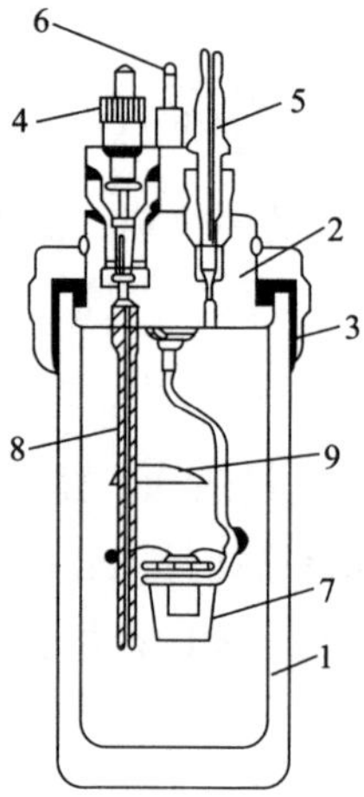

图 2－2－3　氧弹的构造

1—厚壁圆筒；2—弹盖；3—螺帽；4—进气孔；5—排气孔；
6—电极；7—燃烧皿；8—电极（同时也是进气管）；9—火焰遮板

（2）充氧　旋紧弹盖，严格按照高压钢瓶使用规则充氧（在老师指导下），开始先充少量氧气（约 0.5MPa），然后开启出口，借以赶出弹中空气。然后在 1.5MPa（约 15atm）压力下充氧约 2min 后，取下导气管，装上原来的螺旋塞，再次用万用电表检查两极应导通良好。

（3）安装量热计　将氧弹放入内筒内，用容量瓶量取 3000mL 自来水于内筒中，在氧弹盖上接上点火电极导线，检查控制箱上各开关是否处于关闭位置。最后，接通电源，开启搅拌。

（4）点火测温　当读取了 4 ~ 5 个数据，待温度平稳以后，可手动点火观测温度的变化。燃烧成功以后，温度会急剧上升，否则燃烧失败，实验重做。

（5）结束　当温度升至最高点后，再记录 10 次，温度趋稳后停止实验。停止搅拌，关闭电源，取出温差测量仪探头放入外筒中，取出氧弹，按压氧弹出气口放出余气，最后旋下氧弹盖，检查样品燃烧结果。若弹中没有什么燃烧残渣，表示燃烧完全，若留有许多黑色残渣表示燃烧不完全，实验失败。用水冲洗氧弹及燃烧杯，倒去内筒中的水，把物件用纱布一一擦干，并清理完氧弹卡槽中残留的电阻丝，待用。

2. 待测物（木炭、煤或萘）恒容燃烧热的测定

准确称取 0.3 ~ 0.5g 木炭或 0.45g 左右萘片，重复上述操作。

五、实验注意事项

（1）要正确使用氧气钢瓶，无老师在场时勿开氧气钢瓶，在旋开总阀时，一定要首先检查氧气减压阀是否处于关闭（即旋钮松开状态）。

（2）整套仪器勿接触油脂类易燃物。

（3）引火丝不能与燃烧杯接触。

（4）仪器热容量的测定与待测物燃烧热的测定其滴油量要相同。

六、实验数据记录与处理

1. 数据记录

室温：实验开始读数＿＿＿＿＿＿　大气压强：实验开始读数＿＿＿＿＿＿

实验结束读数＿＿＿＿＿＿　实验结束读数＿＿＿＿＿＿

平均值＿＿＿＿＿＿　平均值＿＿＿＿＿＿

样品	质量/g		时间 t/s	温差/℃
苯甲酸	点火前		30	
	点火后剩余		60	
	净含量		90	
			⋮	
木炭或萘	点火前		30	
	点火后剩余		60	
	净含量		90	
			⋮	

2. 数据处理

（1）通过雷诺图（即温度－时间图）解法，求出苯甲酸、木炭或萘燃烧前后的温度差（$t_n - t_0$）。

（2）计算量热计的水当量 $\overline{W}$。已知苯甲酸在 298.2K 的燃烧热 $Q_p = -3226.8$kJ/mol，根据公式 $Q_p = Q_v + \Delta nRT$，计算出 Q_v（注意单位的换算），再计算出水当量 $\overline{W}$。

（3）求出木炭或萘的燃烧热 Q_p。

七、思考题

（1）本实验中，哪些是体系，哪些是环境？实验过程中有无热损耗？这些热损耗对实验结果有何影响？

（2）加入内筒中水的水温为什么要选择比外筒水温低？低多少合适？为什么？

（3）实验中，哪些因素容易造成误差？如果要提高实验的准确度应从哪几方面考虑？

八、讨论

（1）在精确测量中，燃烧丝的燃烧热和氧气中含氮杂质的氧化所产生的热效应等都应从总热量中扣除。前者可将燃烧丝在实验前称重，燃烧后小心取下，先用稀盐酸浸洗，再用水洗净、吹干后称重，求出燃烧过程中失重的量（燃烧丝的热值为6695J/g）。后者可用0.1mol/L NaOH 溶液滴定洗涤氧弹内壁的蒸馏水（在燃烧前可先在氧弹中加入 0.5mL 水），每毫升0.1mol/L NaOH 溶液相当于5.983J（放热）。

（2）用雷诺图（温度－时间图）确定实验中的（$t_n - t_0$），如图2－2－4所示。

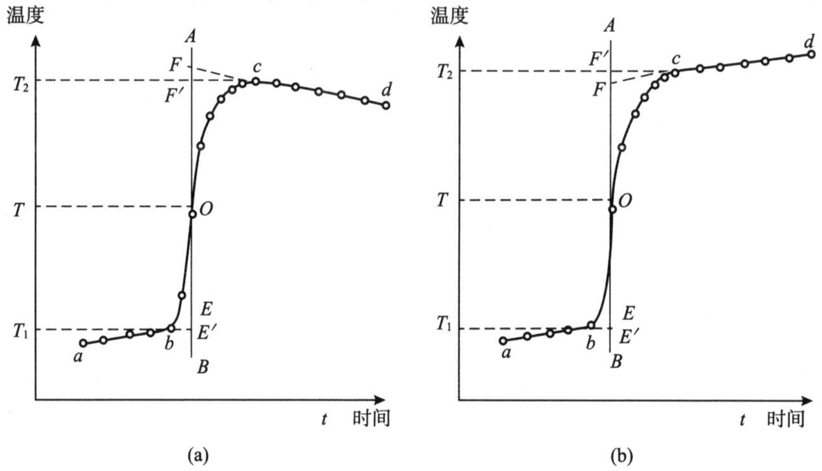

图2－2－4 雷诺校正图

图2－2－4（a）中，b 点相当于开始燃烧的点，c 为观察到的最高点的温度读数，作相当于环境温度的平行线 TO，与 bc 线相交于 O 点，过 O 点作垂直线 AB，此线与 ab 线和 cd 线的延长线交于 E、F 两点，则 E 点和 F 点所表示的温度差即为欲求温度的升高值 ΔT。图中 EE' 为开始燃烧到温度升至环境温度这一段时间 Δt_1 内，因环境辐射和搅拌引起的能量造成量热计温度的升高，必须扣除。FF' 为温度由环境温度升到最高温度 c 这一段时间 Δt_2 内，量热计向环境辐射出能量而造成的温度降低，故需添上，由此可见 E、F 两点的温度差（$t_n - t_0$），较客观地表示了样品燃烧后，使量热计温度升高的值。

有时量热计绝热情况良好，热漏小，但由于搅拌不断引进少量能量，使燃烧后最高点不出现，如图2－2－4（b）所示，这时（$t_n - t_0$）仍可按相同原理校正。

（3）对其他热效应的测量（如溶解热、中和热、化学反应热等）可用普通杜瓦瓶作为量热计。也是用已知热效应的反应物先求出量热计的水当量，然后对未知数效应的反应进行测定。对于吸热反应可用电热补偿法直接求出反应热效应。

实验 3　溶解热的测定

一、实验目的

（1）了解电热补偿法测定热效应的基本原理。

（2）通过电热补偿法测定硝酸钾在水中的积分溶解热，并用作图法求出硝酸钾在水中的微分冲淡热、积分冲淡热和微分溶解热。

（3）掌握电热补偿法的仪器使用。

二、实验原理

（1）物质溶解于溶剂过程的热效应称为溶解热。它有积分溶解热和微分溶解热两种。前者指在定温定压下把 1mol 溶质溶解在 $n_0$mol 的溶剂中时所产生的热效应，由于过程中溶液的浓度逐渐改变，因此也称为变浓溶解热，用 Q_s表示。后者指在定温定压下把 1mol 溶质溶解在无限量的某一浓度的溶液中所产生的热效应。由于溶解过程中溶液浓度可实际上视为不变，因此也称为定浓溶解热，以 $\left(\frac{\partial Q}{\partial n_2}\right)_{T,p,n_1}$ 表示①。

把溶剂加到溶液中使之稀释，其热效应称为冲淡热。它有积分（或变浓）冲淡热和微分（或定浓）冲淡热两种，通常都以对含有 1mol 溶质的溶液的冲淡情况而言。前者指在定温定压下将原为含 1mol 溶质和 n_{01} mol 溶剂的溶液冲淡到含溶剂为 n_{02} mol 时的热效应，亦即为某两浓度的积分溶解热之差，以 Q_d表示。后者是将 1mol 溶剂加到某一浓度的无限量溶液中所产生的热效应，以 $\left(\frac{\partial Q}{\partial n_1}\right)_{T,p,n_2}$ 或 $\left(\frac{\partial Q_s}{\partial n_0}\right)_{T,p,n_2}$ 表示。

（2）积分溶解热由实验直接测定，其他三种热效应则可通过 $Q_s - n_0$曲线求得。

设纯溶剂、纯溶质的摩尔焓分别为 $\widetilde{H}_1$ 和 $\widetilde{H}_2$，溶液中溶剂和溶质的偏摩尔焓分别 $\dot{\widetilde{H}}_1$ 和 $\dot{\widetilde{H}}_2$，对于 n_1摩尔溶剂和 n_2摩尔溶质所组成的体系而言，在溶剂和溶质未混合前：

$$H = n_1\widetilde{H}_1 + n_2\widetilde{H}_2 \tag{2-3-1}$$

当混合成溶液后：

$$H' = n_1\dot{\widetilde{H}}_1 + n_2\dot{\widetilde{H}}_2 \tag{2-3-2}$$

---

①从热力学的观点看，恒压溶解反应的热效应 Q 应等于体系的焓变 ΔH。因此，对 Q 采用了偏微分和全微分公式。

因此溶解过程的热效应为：

$$\Delta H = H' - H = n_1(\dot{\widetilde{H}}_1 - \widetilde{H}_1) + n_2(\dot{\widetilde{H}}_2 - \widetilde{H}_2)$$
$$= n_1\Delta H_1 + n_2\Delta H_2 \qquad (2-3-3)$$

式中：ΔH_1为在指定浓度溶液中溶剂与纯溶剂摩尔焓的差，即为微分稀释热；ΔH_2为在指定浓度溶液中溶质与纯溶质摩尔焓的差，即为微分溶解热。根据积分溶解热定义：

$$Q_s = \Delta H / n_2 = \frac{n_1}{n_2}\Delta H_1 + \Delta H_2 = n_0\Delta H_1 + \Delta H_2 \qquad (2-3-4)$$

所以在 $Q_s - n_0$图（见图2-3-1）上，不同 Q_s点的切线斜率为对应于该浓度的溶液的微分冲淡热，即 $\left(\frac{\partial Q_s}{\partial n_0}\right)_{T,p,n_2} = \frac{AD}{CD}$。该切线在纵坐标上的截矩 OC，即为相应于该浓度溶液的微分溶解热。而在含有1mol 溶质的溶液中加入溶剂使溶剂量由 n_{02} mol 增至 n_{01} mol 过程的积分冲淡热 $Q_d = (Q_s)_{n_{01}} - (Q_s)_{n_{02}} = BG - EG$。

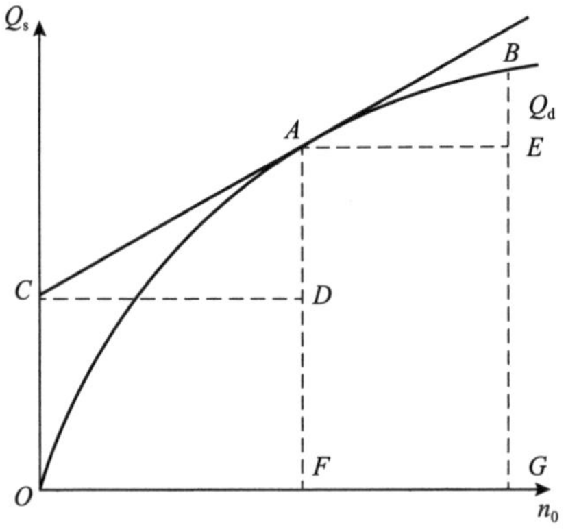

图2-3-1　$Q_s - n_0$ 图

（3）本实验测硝酸钾溶解在水中的溶解热，是一个溶解过程中温度随反应的进行而降低的吸热反应，故采用电热补偿法测定。

先测定体系的起始温度 T，当反应进行后温度不断降低时，由电加热法使体系复原至起始温度，根据所耗电能求出其热效应 Q。

$$Q = I^2Rt = IUt \quad (\mathrm{J}) \qquad (2-3-5)$$

式中：I 为通过电阻为 R 的电阻丝加热器的电流强度，A；U 为电阻丝两端所加的电压，V；t 为通电时间，s。

三、实验仪器与试剂

（1）实验仪器　ZR-2J 型微机溶解热测定系统 1 套（见图 2-3-2），电子天平 1 台，量热计（包括杜瓦瓶、加热器）1 套（见图2-3-3），电脑1 台，200mL 容量瓶，毛笔1 支。

（2）实验试剂　硝酸钾（AR）约26g。

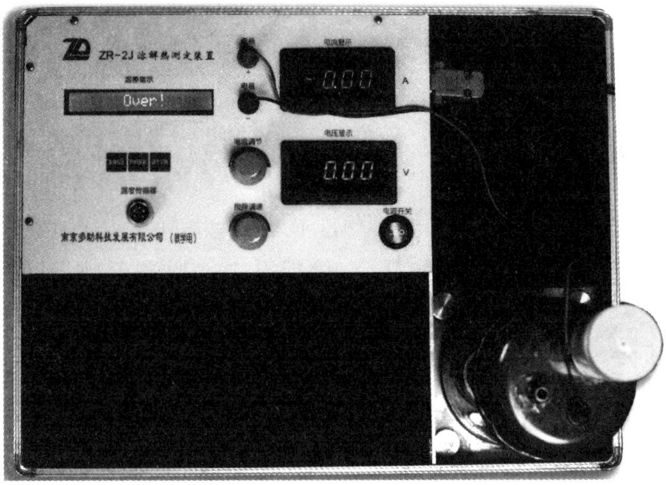

图2－3－2　ZR－2J型微机溶解热测定装置

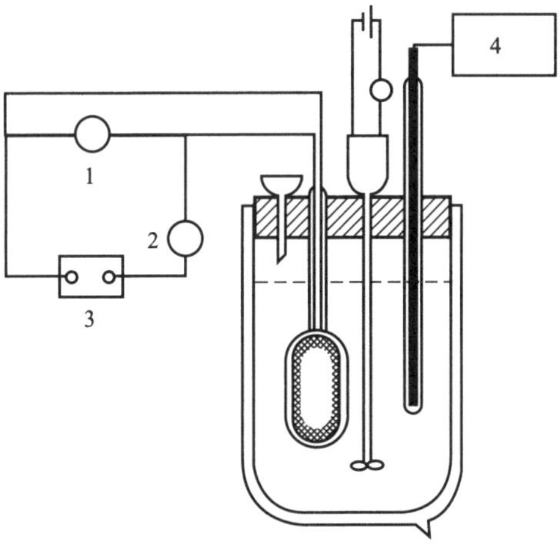

图2－3－3　量热计及其电路图

1—直流电压表；2—直流电流表；3—稳流电源；4—温差报警仪

四、实验操作步骤

（1）将烘干好的硝酸钾进行研磨。

（2）将8张称量纸编号。在电子天平上称量，依次称取2.5g、1.5g、2.5g、3.0g、3.5g、4.0g、4.0g和4.5g研磨好的硝酸钾。

（3）用200mL容量瓶量取蒸馏水于保温杯中。

（4）连接线路，打开电源，预热计算机及测定系统约10min（先不加电流、电压）。

（5）双击计算机桌面“溶解热测定实验”图标，调节合适的搅拌速度（不能过快或过慢）。输入电流、电压、环境温度，调节环境温度比体系温度低约0.3～0.5℃，调节加热功率在2.25～2.3W之间，并保持电流电压稳定。当电脑显示“加入第一份样品”时，随即从加料口加入第一份样品，并用毛笔将残留在漏斗上的少量样品全部扫入保温杯中，用塞子塞住加料口。加入样品后，溶液温度很快下降，加热器加热，温度慢慢上升，待升至起始温度时，当电脑显示“加入第二份样品”，再随即从加料口加入第二份样品。如上所述继续测定，直至8份样品全部测定完毕。

（6）最后计算机桌面“南大万和溶解热3.0.exe”图标，点击“数据处理”，输入水的质量、加热功率、样品质量、通电时间，然后点击“以当前数据处理”，打印数据和图形。

五、实验注意事项

（1）在实验过程中要求 I、U 保持稳定，如有不稳需随时校正。

（2）本实验应确保样品充分溶解，因此实验前加以研磨，实验时需有合适的搅拌速度，加入样品时速度要加以注意，防止样品进入杜瓦瓶过速，致使磁子陷住不能正常搅拌，但样品如加得太慢也会引起实验的故障。搅拌速度不适宜时，还会因水的传热性差而导致 Q_s 值偏低，甚至会使 Q_s-n_0 图变形。

（3）实验结束后，杜瓦瓶中不应存在硝酸钾的固体，否则需重做实验。

六、实验数据记录与处理

1. 数据记录

室温：实验开始读数__________ 大气压强：实验开始读数__________

实验结束读数__________ 实验结束读数__________

平均值__________ 平均值__________

2. 数据处理

（1）计算 n_{H_2O}。

（2）计算每次加入硝酸钾后的累计质量 m_{KNO_3} 和通电累计时间 t。

（3）计算每次溶解过程中的热效应。

$$Q = IUt = Pt \quad (J) \tag{2-3-6}$$

式中：$P=2U$。

（4）将算出的 Q 值进行换算，求出当把1mol硝酸钾溶于 $n_0$mol水中的积分溶解热 Q_s。

$$Q_s = \frac{Q}{n_{KNO_3}} = \frac{Pt}{m_{KNO_3}/M_{KNO_3}} = \frac{101.1Pt}{m_{KNO_3}} \tag{2-3-7}$$

$$n_0 = \frac{n_{H_2O}}{n_{KNO_3}} \tag{2-3-8}$$

（5）将以上数据列表并作 Q_s-n_0 图，从图中求出 $n_0=80$、100、200、300和400处

的积分溶解热和微分冲淡热，以及 n_0 从 80→100、100→200、200→300、300→400 的积分冲淡热。

七、思考题

（1）本实验装置是否适用于放热反应的热效应求测？

（2）如何从 $Q_s - n_0$ 图中求出 $n_0 = 100$、200 处的积分溶解热和微分冲淡热，以及 n_0 从 100→200 的积分冲淡热？

（3）能否设计由测定溶解热的方法求 $CaCl_2(s) + 6H_2O(l) \rightarrow CaCl_2 \cdot 6H_2O(s)$ 的反应热？

实验 4　双液系的气液平衡相图的绘制

一、实验目的

（1）了解沸点仪的构造原理。

（2）掌握沸点的测定技术以及阿贝折射仪的使用方法。

（3）绘制乙酸乙酯 – 乙醇双液系沸点 – 组成图，确定其恒沸组成及恒沸温度。

二、实验原理

在常温下，两种液态物质以任意比例相互溶解所组成的体系称之为完全互溶双液系。在恒定压力下，表示溶液沸点与组成关系的图称为沸点 – 组成图，即所谓相图。完全互溶双液系恒定压力下的沸点 – 组成可分为三类：①溶液沸点介于两纯组分沸点之间；②溶液存在最低沸点；③溶液存在最高沸点。体系的最低或最高恒沸点即为恒沸温度，恒沸温度对应的组成为恒沸组成。本实验中乙酸乙酯 – 乙醇双液系属于最低恒沸点一类的体系。

本实验利用回流及分析的方法来绘制相图。取不同组成的溶液在沸点仪（见图 2 – 4 – 1）中回流，测定其沸点及气、液相组成。沸点数据可直接由双液系沸点测定仪（见图 2 – 4 – 2）读出；气、液相组成可通过测其折射率，然后在组成 – 折射率曲线中最后确定。

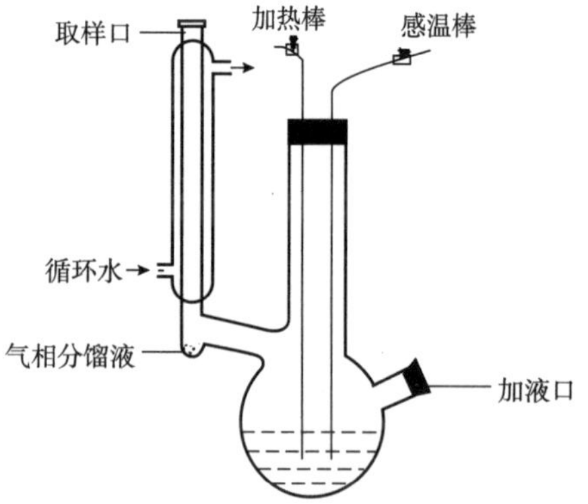

图 2 – 4 – 1　沸点仪示意图

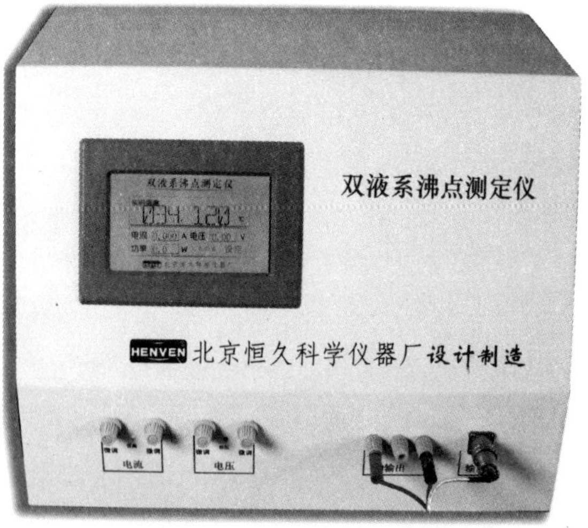

图 2 – 4 – 2　双液系沸点测定仪

三、实验仪器与试剂

（1）实验仪器　沸点仪，阿贝折射仪，双液系沸点测定仪1台，HK－2A型超级恒温水浴。

（2）实验试剂　乙酸乙酯（AR），乙醇（AR）。

四、实验操作步骤

（1）将干燥洁净的沸点仪安装好（用铁夹夹时要适当，小心过紧夹坏），把加热棒和感温棒插入沸点仪中。

（2）加入40mL乙醇，打开冷凝循环水，接通电源，调节电流及电压使功率不超过40W，将溶液缓慢加热至沸腾，待温度稳定后，在数字显示器上读取沸点温度T_b，停止加热，随即用盛有冷水的大烧杯套在沸点仪底部，以冷却瓶内液体。

（3）用一支干燥的长滴管，自冷凝管口伸入球形小室，吸取气相冷凝液，测其折光率，再用一支干燥的短滴管，从支管口吸取溶液数滴，测定液相的折光率，测定完毕后，依次加入乙酸乙酯2mL、2mL、4mL、6mL、10mL、10mL，重复以上步骤，分别测定沸点T_b和折光率。

（4）上述实验结束，回收母液，用少量乙酸乙酯荡洗沸点仪，干燥。然后加入乙酸乙酯40mL，先测定纯乙酸乙酯的沸点，然后依次加入乙醇2mL、2mL、4mL、4mL、6mL、10mL，按以上各步骤，分别测沸点T_b和折射率。

五、实验注意事项

（1）通电加热的电流及电压不宜过高，一般控制功率在0～40W之间，切勿超过40W，否则会出现过载保护。

（2）气－液两相都容易挥发，故折射率的测定要迅速，尽量减少挥发。

（3）沸点仪是比较贵的易碎玻璃仪器，使用时应十分小心。

六、实验数据记录与处理

乙醇－乙酸乙酯在不同温度下的标准工作曲线的折射率－组成数据：

（1）$t=30℃$时的折射率－组成数据见下表。

乙酸乙酯/%	0.00	11.25	22.19	32.83	38.05	53.29	63.11	72.69	72.39	86.60
n_D^{30}	1.3584	1.3589	1.3600	1.3610	1.3615	1.3630	1.3640	1.3650	1.3653	1.3663

（2）$t=35℃$时的折射率－组成数据见下表。

乙酸乙酯/%	0.00	10.18	20.19	30.02	39.92	50.26	59.96	70.16	79.93	90.00	100.00
n_D^{35}	1.3571	1.3574	1.3585	1.359	1.3600	1.3611	1.3620	1.3633	1.3642	1.3655	1.3668

1. 数据记录

室温：实验开始读数__________ 大气压强：实验开始读数__________

实验结束读数__________ 实验结束读数__________

平均值__________ 平均值__________

混合溶液的体积组成		沸点 T_b/℃	气相冷凝液分析		液相分析	
每次加乙酸乙酯/mL	每次加乙醇/mL		折射率 n	$W_{乙酸乙酯(g)}$/%	折射率 n	$W_{乙酸乙酯(l)}$/%
	40					
2						
2						
4						
6						
10						
10						
40						
	2					
	2					
	4					
	4					
	6					
	10					

2. 数据处理

（1）绘制30℃或35℃时的折射率－组成关系曲线。

（2）利用折射率－组成关系曲线确定气、液组成。

（3）根据气、液组成及各组成下的沸点数据绘制沸点－组成图。

（4）确定该体系的恒沸温度与恒沸组成。

七、思考题

（1）本实验中，气、液两相是怎样达到平衡的？

（2）平衡时气、液两相温度是否一样？实际是否一样？

（3）为什么在操作步骤（4）中沸点仪不需要洗净烘干？

实验 5 二组分简单共熔体系相图的绘制

一、实验目的

（1）应用步冷曲线的方法绘制 Sn – Bi 二组分体系的相图。

（2）掌握仪器的操作与使用。

二、实验原理

用几何图形来表示多相平衡体系中有哪些相、各相的成分如何、不同相的相对量是多少以及它们随浓度、温度、压力等变量变化的关系图，叫作相图。

绘制相图的方法很多，其中之一为热分析法。在定压下把体系从高温逐渐冷却，作温度对时间的变化曲线，即步冷曲线，如图 2 – 5 – 1（a）所示。体系若有相变，必然伴随有热效应，即在其步冷曲线中会出现转折点，从步冷曲线有无转折点就可以知道有无相变。测定一系列成分不同样品的步冷曲线，从步冷曲线上找出各相应体系发生相变的温度，就可绘制出被测体系的相图，如图 2 – 5 – 1（b）所示。

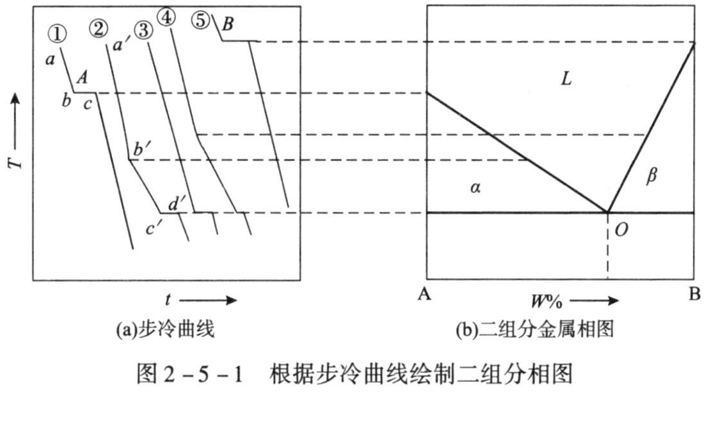

图 2 – 5 – 1 根据步冷曲线绘制二组分相图

（1）纯物质的步冷曲线如①、⑤所示，从高温冷却，开始降温很快，ab 线的斜率决定于体系的散热程度。冷到 A 的熔点时，固体 A 开始析出，体系出现两相平衡（溶液和固体 A），此时温度维持不变，步冷曲线出现 bc 的水平段，直到其中液相全部消失，温度才下降。

（2）混合物步冷曲线（②、④）与纯物质的步冷曲线（①、⑤）不同。如②起始温度下降很快（$a'b'$段），冷却到 b'点的温度时，开始有固体析出，这时体系呈两相，因为液相的成分不断改变，所以其平衡温度也不断改变。由于凝固热的不断放出，其温度下降较慢，曲线的斜率较小（$b'c'$段）。到了低共熔点温度后，体系出现三相，温度不再改变，步冷曲线又出现水平段 $c'd'$，直到液相完全凝固后，温度又迅速下降。

（3）曲线③表示其组分恰为最低共熔混合物的步冷曲线，其图形与纯物相似，但它的水平段是三相平衡。

用步冷曲线绘制相图是以横轴表示混合物的成分，在对应的纵轴标出开始出现相变（即步冷曲线上的转折点）的温度，把这些点连接起来即得相图。

图 2－5－1（b）是一种形成简单低共熔混合物的二组分体系相图。图中 L 为液相区，β 为纯 B 和液相共存的二相区；α 为纯 A 和液相共存的二相区；水平段表示 A、B 和液相共存的三相共存线；水平线段以下表示纯 A 和纯 B 共存的二相区；O 为低共熔点。

三、实验仪器与试剂

（1）实验仪器　电脑 1 台，JX－6DS 型金属相图测量装置 1 套（见图 2－5－2）。

（2）实验试剂　锡（化学纯），铅（化学纯），石蜡油。

图 2－5－2　JX－6DS 型金属相图测量装置

四、实验操作步骤

（1）配制不同质量分数的铅、锡混合物，分别放在硬质试管中，再各加入少许石蜡油（约 3g），以防止金属在加热过程中接触空气而氧化。

（2）在电脑桌面双击“金属相图实验”软件，打开“文件”，选择“串口”→“接口（如 COM4）”→“确定”。

（3）点击“界面设置”，设置好时间、温度等参数，点击“确定”。

（4）点击“操作”→“开始”，开始实验。

（5）实验结束后，打开已命名文件进入样品分析界面，依次选中左下角不同组分的样品进行分析。

五、实验注意事项

电炉加热时注意温度不宜升得过高，以防止石蜡油炭化和欲测金属样品氧化，故电压不宜过大。

六、实验数据记录与处理

1. 数据记录

室温：实验开始读数__________ 大气压强：实验开始读数__________

实验结束读数__________ 实验结束读数__________

平均值__________ 平均值__________

组成 Pb/%	平台温度/℃	拐点温度/℃
100		
80		
60		
38.1		
20		
0		

2. 数据处理

（1）利用所得的步冷曲线，绘制铅－锡二组分体系的相图，并注出相图中各区域的相平衡。

（2）从相图中求出低共熔点的温度及低共熔混合物的成分。

七、思考题

（1）对于不同成分混合物的步冷曲线，其水平段有什么不同？

（2）用加热曲线是否可作相图？

（3）作相图还有哪些方法？

八、讨论

（1）步冷曲线的斜率即温度变化速率，取决于体系与环境间的温差，体系的热容量和热导率等因素有关，当固体析出时，放出凝固热，因而使步冷曲线发生折变，折变是否明显取决于放出的凝固热能抵消散失热量多少，若放出的凝固热能抵消散失热量的大部分，折变就明显，否则就不明显。故在室温较低的冬天，有时在降温过程中需给电炉加以一定的电压（约 20V 左右），来减缓冷却速度，以使转折明显。

(2) 测定一系列成分不同样品的步冷曲线就可绘制相图。但在很多情况下随物相变化而产生的热效应很小，步冷曲线上转折点不明显，在这种情况下，需采用较灵敏的方法进行，另一方面目前实验所用的简单体系为 Cd - Bi、Bi - Sn、Pb - Zn 等，它们挥发的蒸气对人体健康有危害性，而且样品用量大，危害性更大，时间久了这些混合物难以处理。故实验改用热分析的另一种方法——差热分析（DTA）法或差示扫描法（DSC）法。

实验6　三组分体系等温相图的绘制

一、实验目的

（1）掌握互溶度曲线的测定方法。

（2）掌握连结线的测定方法。

（3）加深对三组分相图的理解及应用分析。

二、实验原理

水和苯的相互溶解度很小，而醋酸却与水和苯互溶，在水和苯组成的二相混合物中加入醋酸，能增大水和苯之间的互溶度，醋酸增多，互溶度增大。当醋酸到达某一定数量时，水和苯能完全互溶，这时原来二相组成的混合体系由浑变清。在温度恒定的条件下，使二相体系变成均相所需要的醋酸量，取决于原来混合物中水和苯的比例。同样，把水加到苯和醋酸组成的均相混合物中时，当水达到一定的数量，原来均相体系要分成水相和苯相的二相混合物，体系由清变浑。使体系变成二相所加水的量，由苯和醋酸混合物的起始成分决定。因此利用体系在相变化时的浑浊和清亮现象的出现，可以判断体系中各组分间互溶度的大小。一般由清变浑，肉眼较易分辨。所以本实验采用由均相样品加入第三物质而变成二相的方法，测定二相间的相互溶解度。

当二相共存并且达到平衡时，将二相分离，测得二相的成分，然后用直线连接这二点，即可得到连结线。

一般用等边三角形的方法表示三组分相图（见图2－6－1）。等边三角形的三个顶点各代表纯组分；三角形的三条边 AB、BC、CA 分别代表 A 和 B、B 和 C、C 和 A 所组成的二组分的组成；而三角形内任何一点表示三组分的组成。

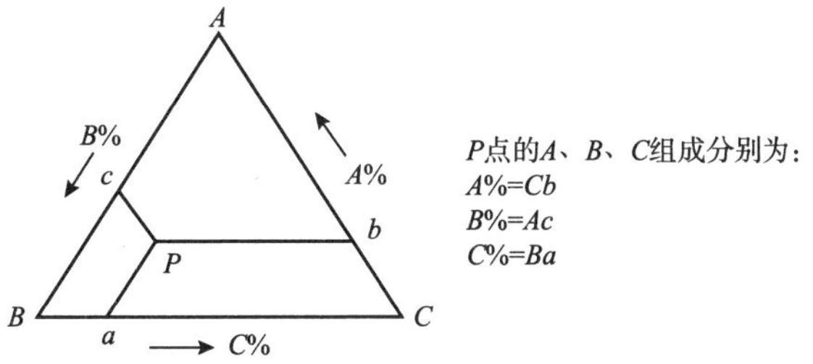

图2－6－1　等边三角形法表示三组分相图

三、实验仪器与试剂

（1）实验仪器　50mL、100mL 磨口锥形瓶，50mL 滴定管，移液管，电子天平。

（2）实验试剂　苯，醋酸，NaOH 溶液，酚酞指示剂。

四、实验操作步骤

（1）取 2mL 苯及 1mL 醋酸于一干燥洁净的 100mL 磨口锥形瓶中，用滴定管慢慢滴入水，不断振荡，至溶液由清变浑，即出现“油珠”（浑浊）为终点，此时记下水的体积。再向此锥形瓶中加入 1mL 醋酸，体系又成均相，继续用水滴至终点，又记下水的体积，以后在该瓶中分别加入 2mL、2mL、3mL、4mL、3mL、3mL、4mL、3mL 醋酸，重复上述操作。测完后在该瓶中加入 15mL 苯，用塞子塞好，留着作连结线用。

（2）上述瓶中溶液每隔 2min 摇动一次，15min 后待溶液分层清楚，用专用干净移液管吸取上层液 2mL、下层液 1mL，各置于 2 个已称重的 5mL 有塞锥形瓶中（称重后，小心塞子不要搞混了），再分别称重，然后加适量蒸馏水，加 2 滴酚酞，用标准 NaOH 溶液滴定醋酸的含量（至粉红色为终点）。

五、实验注意事项

（1）所用仪器必须清洁干净并干燥。

（2）苯易挥发，操作时动作要快而准。

（3）吸取下层液时，可吹气插入移液管，再插入下层液中，以免被上层溶液所污染。吸上层液时，注意不能触及下层液。

六、实验数据记录与处理

1. 数据记录

室温：实验开始读数______________　大气压强：实验开始读数______________

实验结束读数______________　实验结束读数______________

平均值______________　平均值______________

NaOH 浓度：______________

（1）试剂的密度（g/mL）（查附录）。

室温/℃	苯	醋酸	水

（2）实验数据记录表。

<table>
<tr><th rowspan="2">次数</th><th colspan="2">苯</th><th colspan="2">醋酸</th><th colspan="2">水</th><th rowspan="2">总质量 $m_{总}$/g</th><th colspan="3">质量分数</th></tr>
<tr><th>总体积/mL</th><th>质量/g</th><th>加入（总）体积/mL</th><th>质量/g</th><th>总体积/mL</th><th>质量/g</th><th></th><th></th><th></th></tr>
<tr><td>1</td><td rowspan="10">2</td><td rowspan="10"></td><td>1（1）</td><td></td><td></td><td></td><td></td><td></td><td></td><td></td></tr>
<tr><td>2</td><td>1（2）</td><td></td><td></td><td></td><td></td><td></td><td></td><td></td></tr>
<tr><td>3</td><td>2（4）</td><td></td><td></td><td></td><td></td><td></td><td></td><td></td></tr>
<tr><td>4</td><td>2（6）</td><td></td><td></td><td></td><td></td><td></td><td></td><td></td></tr>
<tr><td>5</td><td>3（9）</td><td></td><td></td><td></td><td></td><td></td><td></td><td></td></tr>
<tr><td>6</td><td>4（13）</td><td></td><td></td><td></td><td></td><td></td><td></td><td></td></tr>
<tr><td>7</td><td>3（16）</td><td></td><td></td><td></td><td></td><td></td><td></td><td></td></tr>
<tr><td>8</td><td>3（19）</td><td></td><td></td><td></td><td></td><td></td><td></td><td></td></tr>
<tr><td>9</td><td>4（23）</td><td></td><td></td><td></td><td></td><td></td><td></td><td></td></tr>
<tr><td>10</td><td>3（26）</td><td></td><td></td><td></td><td></td><td></td><td></td><td></td></tr>
</table>

（3）作连结线数据记录。

编号	样品质量/g	用去 NaOH 量/mL	相当于醋酸的量/g	醋酸在相中的质量分数/W_{HAc}%
2mL 上层液				
1mL 下层液				

2. 数据处理

（1）绘制溶解度曲线（在三角形坐标纸上作图）。

（2）算出醋酸在相中的质量分数（W_{HAc}%），计算公式：$W_{HAc}\% = \dfrac{C_{NaOH} \times V_{NaOH} \times 60 \times 10^{-3}}{m_{样品}}$，并在互溶度曲线中画出连结线。

七、思考题

（1）为什么根据体系由清变浊的现象即可测定相界？

（2）连结线是怎样画出来的？

（3）标出各相区相态。

实验 7　液体饱和蒸气压的测定

一、实验目的

(1) 掌握等压计（平衡管）的构造原理及使用方法。

(2) 掌握减压系统的操作方法（包括系统检漏、真空泵操作及测压计的使用等）。

二、实验原理

在一定温度下，与液体处于平衡状态时蒸气的压力称为该温度下液体的饱和蒸气压。密闭于真空容器中的液体，在某一温度下，有动能较大的分子从液相跑到气相，也有动能较小的分子由气相碰回液相。当二者的速率相等时，就达到了动态平衡，气相中的蒸气密度不再改变，因而有一定的饱和蒸气压。

液体的蒸气压是随温度而改变的，当温度升高时，有更多的高动能的分子能够由液面逸出，因而蒸气压增大；反之，温度降低时，则蒸气压减小。当蒸气压与外界压力相等时，液体便沸腾；当外压不同时，液体的沸点也就不同。我们把外压为 1atm 时的沸腾温度定义为液体的正常沸点。

液体的饱和蒸气压与温度的关系可用克劳修斯－克拉贝龙方程式表示：

$$\frac{\mathrm{d}\ln p}{\mathrm{d}T}=\frac{\Delta H_{气}}{RT^2}$$

在温度较小的变化范围内，$\Delta H_{气}$ 可视为常数，积分可得：

$$\ln p=\frac{-\Delta H_{气}}{RT}+B$$

或

$$\lg p=-\frac{\Delta H_{气}}{2.303RT}+B^*$$

式中：R 为摩尔气体常数；T 为温度，K；B^* 为积分常数。

由上式可知，若将 $\lg p$ 对 $\frac{1}{T}$ 作图应得一直线，斜率为 m，则有：

$$\Delta H_{气}=-2.303Rm$$

这就可以由图解法先求斜率 m，然后算出摩尔汽化热 $\Delta H_{气}$。

三、主要仪器与试剂

(1) 实验仪器　饱和蒸气压实验装置 1 台（见图 2－7－1），HZHC－真空压力控制车（共用），平衡管（见图 2－7－2）。

（2）实验试剂　乙醇（AR）。

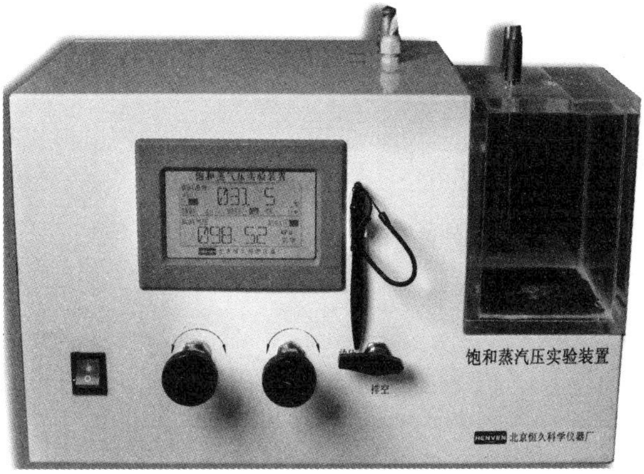

图 2－7－1　饱和蒸气压实验装置

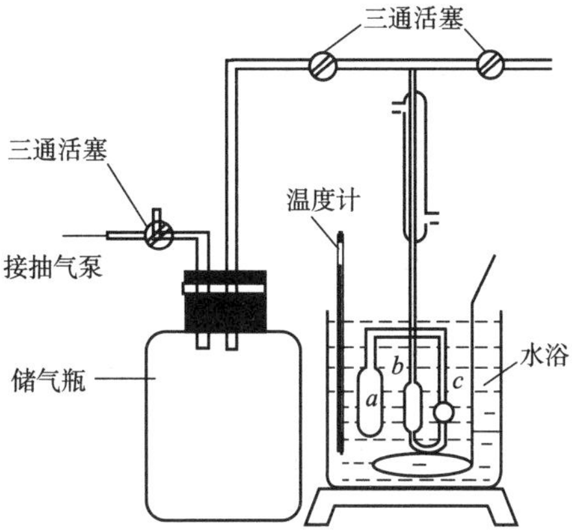

图 2－7－2　平衡管与缓冲瓶连接示意图

四、实验操作步骤

（1）读取实验时的室温和大气压。

（2）将仪器连接好，打开电源，液晶显示屏如图 2－7－3 所示，压力与温度直接显示在液晶屏上。

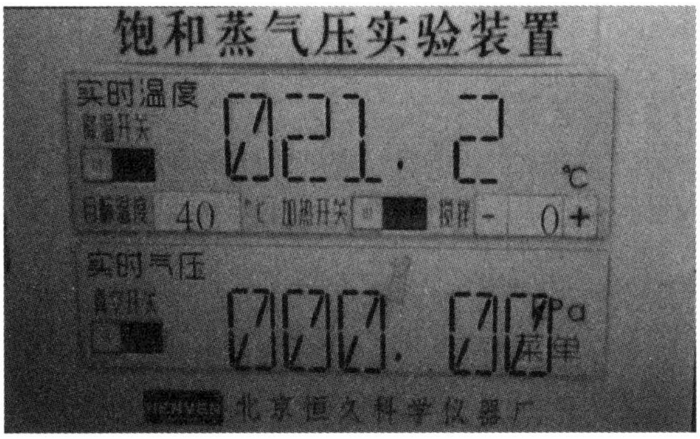

图 2－7－3　仪器主页面

（3）将待测液倒入平衡管中，U 形管装少量待测液，a 管内也装适量待测液，将平衡管下端的 U 形管完全浸在恒温水浴中。打开循环水。

（4）检漏：将系统抽真空至 5～10kPa，然后仔细观察仪表盘压力值是否有变化，几分钟后若没有变化或变化不大，则表明系统不漏气，否则应找出漏气部分并堵漏。

（5）打开真空泵，打开搅拌，搅拌转速通过主页面中搅拌后面的“－”“＋”按钮来实现，0 为关闭，100 为全开。

（6）调节仪器前面板上面的增压与减压针阀，如图 2－7－4 所示，观察 U 形管中液面的位置，当 b、c 管液面相平时，在液晶显示屏上读取压力值，此数值即为该温度下的饱和蒸汽压。

图 2－7－4　仪器的增压与减压针阀

（7）每次升温 3 ~ 5℃，点击主页面中目标温度后面的数字，显示如图 2－7－5 所示页面，输入目标温度，点击“储存”，然后点击“返回”进入如图 2－7－6 所示页面。最后点击“加热开关”加热。测试不同的温度下的饱和蒸汽压，重复操作步骤（6）。

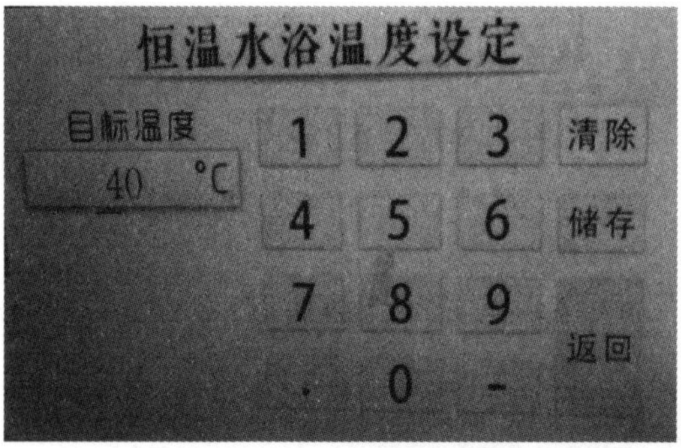

图 2－7－5　温度设定界面

图 2－7－6　功能菜单主界面

（8）实验结束后，打开前面板的放空阀，将整个装置连通大气。放空阀以及增压阀连通大气处均装有气体过滤头，用于防止大气中的杂质进入仪器内部影响实验。

（9）实验完毕，切断电源，关掉循环水。

五、实验注意事项

（1）停止抽气时，直接点击界面上的“关闭真空泵”。

（2）平衡管易碎，搅拌时应小心。

六、实验数据记录与处理

1. 数据记录

室温：实验开始读数______________　大气压强：实验开始读数______________

实验结束读数 ________　　　　实验结束读数 ________

平均值 ________　　　　平均值 ________

实验次数	温度			乙醇的饱和蒸气压/kPa
	t/℃	T/K	$1/T/10^3$	
1				
2				
3				
⋮				

2. 数据处理

作 $\lg p - 1/T$ 图，由图中的直线求出斜率 m，最后求出乙醇在实验温度范围内的平均摩尔汽化热 $\Delta H_{气} = -2.303Rm$。

七、思考题

（1）为什么平衡管 a、c 中的空气要赶净？怎样判断它已赶净？在实验过程中如何防止空气倒灌？

（2）本实验的主要系统误差有哪些？

实验 8　分配系数的测定

一、实验目的

测定苯甲酸在苯和水体系中的分配系数，了解物质在两相间的分配情况和分子的形态。

二、实验原理

在恒定的温度下，将一种溶质 A 溶在两种不互溶的液体溶剂中，达到平衡时，此溶质在这两种溶剂中的分配有一定的规律性。如果溶质 A 在此两种溶剂中皆无缔合作用，A 在此两种溶剂中的浓度比（严格地说是活度比）将是一个常数，即

$$K = c_2/c_1 \tag{2-8-1}$$

式中：c_1为 A 在溶剂 1 中的浓度；c_2为 A 在溶剂 2 中的浓度；K 为分配系数。此式所表达的规律称为分配规律。

若使 K 保持常数，除温度恒定外，尚需满足两个条件：

（1）溶液的浓度很稀，c_1、c_2都较小时可以用浓度代替活度。

（2）溶质在两种溶剂中分子形态相同，即不发生缔合、解离、络合等现象。

如果溶质在溶剂 1 和溶剂 2 中的分子形态不同，分配系数的形式也要作相应的改变。例如溶质 A 在溶剂 1 中发生缔合现象，即

$$\underset{(溶剂1中)}{A_n} \rightarrow \underset{(溶剂2中)}{nA}$$

式中：n 是缔合度，表明缔合物是由 n 个分子组成的。则分配系数符合关系式为：

$$K = c_2^n/c_1 \tag{2-8-2}$$

式中：c_1是 A_n分子在溶剂 1 中的浓度。因此，可以推断出溶质在溶剂中的缔合情况。

上述例子也可看成 A_n分子在溶剂 2 中解离，故也可用于研究溶质的解离性质。

在许多情况下，特别是无机离子在有机相和水相中分布时，情况较为复杂，其间不仅有缔合效应，而且金属离子和有机溶剂还可能发生络合作用。此外，溶质在两相中的分配还与有机溶剂的性质、溶质浓度、介质酸度、温度等因素有关。

三、实验仪器与试剂

（1）实验仪器　125mL 分液漏斗，25mL 移液管，2mL 移液管，锥形瓶，50mL 磨口锥形瓶。

（2）实验试剂　苯甲酸（AR），苯（AR），NaOH（AR），酚酞（AR）。

四、实验操作步骤

在四个编号为①～④的125mL分液漏斗中，各放入40mL蒸馏水，分别加入0.3g、0.5g，1.0g、1.5g苯甲酸。用移液管各加入25mL苯，将塞子盖好。经常摇动，使两相充分混合、接触。摇动时，切勿用手抚握漏斗的膨大部分，避免体系温度改变。因为分配系数是温度的函数，温度改变分配系数也改变。如此摇动0.5h后，静置数分钟，使苯和水分层。上面是苯层，下面是水层。

将两层分开，苯层应放在带盖的瓶子里，以避免苯挥发。分别测定苯层及水层内苯甲酸的浓度。

1. 苯层溶液的分析

用带刻度的移液管吸取2mL上层溶液，加入25mL蒸馏水，以酚酞为指示剂，用0.05mol/dm^3的NaOH滴定。

2. 水层溶液的分析

用移液管吸取5mL水溶液，加入25mL蒸馏水，以酚酞为指示剂，用0.05mol/dm^3的NaOH滴定。

对①～④号分液漏斗中的水相和苯相所含的苯甲酸分别进行测定。

五、实验数据记录与处理

1. 数据记录

室温：实验开始读数__________　大气压强：实验开始读数__________

实验结束读数__________　实验结束读数__________

平均值__________　平均值__________

		第一次	第二次	平均值 V_{NaOH}/mL
苯层（上层）	①			
	②			
	③			
	④			
水层（下层）	①			
	②			
	③			
	④			
苯甲酸的质量/g	①	②	③	④

2. 数据处理

（1）根据上面的滴定结果，分别计算 4 种溶液的苯相和水相中苯甲酸的浓度（以 mol/dm^3 表示）。

（2）计算缔合度 n。求 $c_{水}/c_{苯}$ 值，看其是否是常数，并给予解释。再计算 $c_{水}^2/c_{苯}$ 及 $c_{水}/c_{苯}^2$，看哪一种是常数。由此我们将得出什么结论？

（3）或者以 $\lg(c_{苯}/[c])$ 对 $\lg(c_{水}/[c])$ 作图，由斜率求出缔合的分数 n，解释所得的结果。

苯甲酸浓度	苯层	水层	$c_{水}/c_{苯}$	$c_{水}^2/c_{苯}$	$c_{水}/c_{苯}^2$
①					
②					
③					
④					

六、思考题

（1）苯甲酸是以何种分子形态分布在二相中的？

（2）在苯相中如何判断滴定终点？

实验 9　凝固点降低法测摩尔质量

一、实验目的

(1) 用凝固点降低法测定萘的摩尔质量。

(2) 通过实验掌握溶液凝固点的测量技术，并加深对稀溶液依数性质的理解。

二、实验原理

稀溶液具有依数性，凝固点降低是依数性的一种表现。固体溶剂与溶液成平衡时的温度称为溶液的凝固点。在溶液浓度很稀时，确定了溶剂的种类和数量后，溶剂凝固点降低值仅仅取决于所含溶质分子的数目。

稀溶液的凝固点降低值（对析出物为纯固相溶剂的体系）与溶液成分的关系式为：

$$\Delta T_f = \frac{R(T^*)^2}{\Delta H_m} \cdot \frac{n_2}{n_1 + n_2} \quad (2-9-1)$$

式中：ΔT_f为凝固点降低值；T^*为以绝对温度表示的纯溶剂的凝固点；ΔH_m为摩尔凝固热；n_1为溶剂的摩尔数；n_2为溶质的摩尔数。

当溶液很稀时，$n_2 \ll n_1$，则

$$\Delta T_f = \frac{R(T_f^*)^2}{\Delta H_m} \cdot \frac{n_2}{n_1} = \frac{R(T_f^*)^2}{\Delta H_m} \cdot M_1 m_2 = K_f m_2 \quad (2-9-2)$$

式中：M_1为溶剂的摩尔质量；m_2为溶质的质量摩尔浓度；K_f为溶剂的凝固点降低常数。

如果已知溶剂的凝固点降低常数K_f，并测得该溶液的凝固点降低值ΔT_f，溶剂和溶质的质量W_1、W_2，就可以通过下式计算溶质的摩尔质量M_2。

$$M_2 = K_f \cdot \frac{W_2}{\Delta T_f W_1} \quad (2-9-3)$$

凝固点降低值的多少，直接反映了溶液中溶质的质点数目。溶质在溶液中有离解、缔合、溶剂化和络合物生成等情况存在，都会影响溶质在溶剂中的表现摩尔质量。因此溶液的凝固点降低法可用于研究溶液的电解质电离度、溶质的缔合度、溶剂的渗透系数和活度系数等。

凝固点测定方法是将已知浓度的溶液逐渐冷却成过冷溶液，然后促使溶液结晶；当晶体生成时，放出的凝固热使体系温度回升，当放热与散热达到平衡时，温度不再改变，此固液两相达到平衡的温度，即为溶液的凝固点。本实验测定纯溶剂与溶液的凝固点之差。

纯溶剂在凝固前温度随时间均匀下降，当达到凝固点时，固体析出，放出热量，补偿

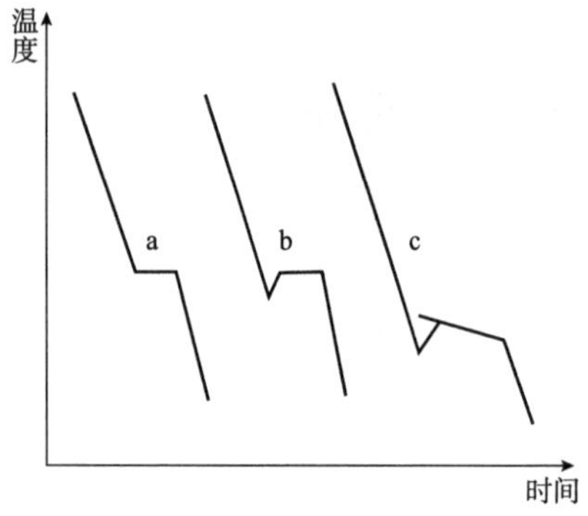

图 2-9-1　冷却曲线

了对环境的热散失，因而温度保持恒定，直到全部凝固后，温度再均匀下降，其冷却曲线见图 2-9-1 中曲线 a。实际上纯液体凝固时，由于开始结晶出的微小晶粒的饱和蒸气压大于同温度下的液体饱和蒸气压所以往往产生过冷现象，即液体的温度要降到凝固点以下才析出固体，随后温度再上升到凝固点，见冷却曲线 b。

溶液的冷却情况与此不同，当溶液冷却到凝固点时，开始析出固态纯溶剂。随着溶剂的析出，溶液浓度相应增大。所以溶液的凝固点随着溶剂的析出而不断下降，在冷却曲线上得不到温度不变的水平线段。当有过冷情况发生时，溶液的凝固点应从冷却曲线上待温度回升后外推而得，见冷却曲线 c。

三、实验仪器与试剂

（1）实验仪器　普通温度计 1 支，25mL 移液管 1 支，压片机 1 台，SWC-$Ⅱ_D$精密数字温度温差仪 1 台。

（2）实验试剂　环己烷（AR），萘（AR）。

四、实验操作步骤

（1）按图 2-9-2 所示安装凝固点测定仪，注意测定管、搅拌棒都须清洁、干燥，温差测量仪的探头、温度计都须与搅拌棒有一定空隙，防止搅拌时发生摩擦。

（2）调节冰浴温度，使其低于环己烷凝固点温度 2~3℃，并应经常搅拌，不断加入碎冰，使冰浴温度保持基本不变。

（3）调节温差测量仪，使探头在测量管中时，数字显示为“0”左右。

（4）准确移取 25mL 环己烷，小心注入测定管中，塞紧软木塞，防止环己烷挥发，记下环己烷的温度值。取出测定管，直接放入冰浴中，不断移动搅拌棒，使环己烷逐步冷却。当刚有固体析出时，迅速取出测定管，擦干管外冰水，插入空气套管中，缓慢均匀搅拌，观察

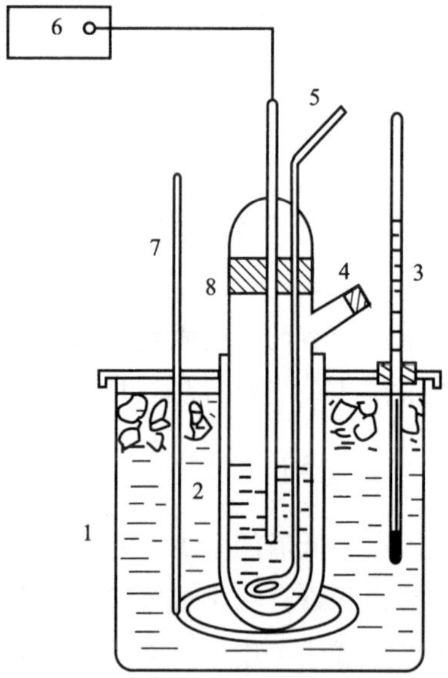

图 2-9-2　实验装置图

1—大玻璃筒；2—玻璃套管；3—普通温度计；4—被测物加入口；5，7—搅拌器；6—温差测量仪；8—测定管

精密温差测量仪的数显值，直至温度稳定，即为环己烷的凝固点参考温度。取出测定管，用于温热，同时搅拌，使管中固体完全熔化，再将测定管直接插入冰浴中，缓慢搅拌，使环己烷迅速冷却，当温度降至高于凝固点参考温度 0.5℃时，迅速取出测定管，擦干，放入空气套管中，每秒搅拌一次，使环己烷温度下降，当温度低于凝固点参考温度时，应急速搅拌（防止过冷超过 0.5℃），促使固体析出，温度开始上升，搅拌减慢，注意观察温差测量仪的数字变化，直至稳定，此即为环己烷的凝固点。重复测定三次，要求环己烷凝固点的绝对平均误差小于 ±0.003℃。

（5）溶液的凝固点的测定：取出测定管，使管中的环己烷溶化，从测定管的支管加入事先压成片状的 0.2 ~ 0.3g 萘，待溶解后，用步骤（4）中方法测定溶液的凝固点。先测凝固点的参考温度，再精确测之。溶液凝固点是取过冷后温度回升所达的最后温度，重复三次，要求绝对平均误差小于 ±0.003℃。

五、实验注意事项

（1）冰浴温度以不低于溶液凝固点 3℃为宜。

（2）测定凝固点温度时，注意防止过冷温度超过 0.5℃。可以采用加入少量溶剂的微小晶体作为晶种的方法，以促使晶体生成。

（3）溶剂、溶质的纯度都直接影响实验的结果。

六、实验数据处理

（1）用 $\rho(\mathrm{kg/m^3}) = 0.7971 \times 10^3 - 0.8879t$ 计算室温时环己烷密度，然后算出所取环己烷的质量 W_1。

（2）由测定的纯溶剂、溶液的凝固点 T_f^*、T_f 计算萘的摩尔质量。

已知环己烷的凝固点 $T_f^* = 279.7\mathrm{K}$，$K_f = 20.1\mathrm{kg \cdot K/mol}$。

七、思考题

（1）为什么会产生过冷现象？如何控制过冷程度？

（2）根据什么原则考虑加入溶质的量？量太多或太少影响如何？

（3）为什么测定溶剂的凝固点时，过冷程度大一些对测定结果影响不大，而测定溶液凝固点时却必须尽量减少过冷现象？

八、讨论

（1）溶液的凝固点随着溶剂的析出而不断下降，冷却曲线上得不到温度不变的水平线段，因此在测定一定浓度的溶液凝固点时，析出固体越少，测得的凝固点才越准确。

（2）高温高湿季节不宜做此实验，因为水蒸气易进入测量体系，造成测量结果偏低。

实验 10　用分光光度法测定弱电解质的电离常数

一、实验目的

（1）掌握一种测定弱电解质电离常数的方法。

（2）掌握分光光度计的测试原理和使用方法。

（3）掌握 pH 计的原理和使用。

二、实验原理

根据贝尔－郎比（Beer－Lambert）定律，溶液对于单色光的吸收，遵守下列关系式：

$$A = \lg \frac{I_0}{I} = KlC \tag{2-10-1}$$

式中：A 为吸光度；I/I_0为透光率；K 为摩尔吸光系数，它是溶液的特性常数；l 为被测溶液的厚度；C 为溶液浓度。

在分光光度分析中，将每一种单色光，依次地通过某一溶液，测定溶液对每一种光波的吸光度，以吸光度 A 对波长 λ 作图，就可以得到该物质的分光光度曲线，或吸收光谱曲线，如图 2－10－1 所示。由图可以看出，对应于某一波长有一个最大的吸收峰，用这一波长的入射光通过该溶液就有着最佳的灵敏度。

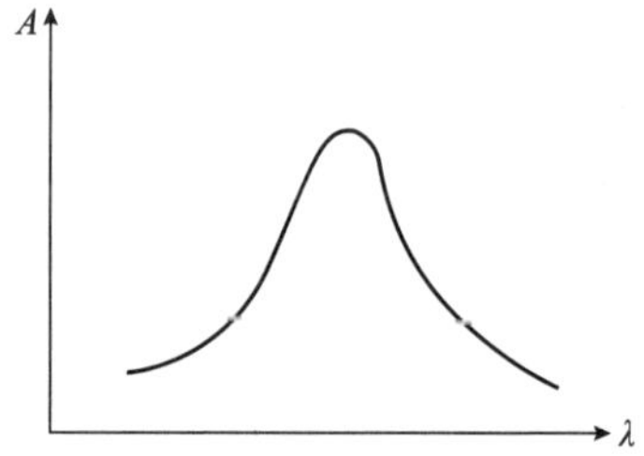

图 2－10－1　分光光度曲线

从式（2－10－1）可以看出，对于固定长度吸收槽，在对应最大吸收峰的波长（λ）下测定不同浓度 c 的吸光度，就可作出线性的 $A-C$ 线，这就是光度法的定量分析的基础。

以上讨论是对于单组分溶液的情况，对含有两种以上组分的溶液，情况就要复杂一些。

（1）若两种被测定组分的吸收曲线不相互重合，这种情况很简单，就等于分别测定两种单组分溶液。

（2）若两种被测定组分的吸收曲线相互重合，且遵守贝尔－郎比定律，则可在两波长 λ_1及 λ_2时（λ_1、λ_2是两种组分单独存在时吸收曲线最大吸收峰波长）测定其总吸光度，然后换算成被测定物质的浓度。

根据贝尔－郎比定律，假定吸收槽的长度一定，则

$$\left.\begin{aligned} &\text{对于单组分 A：} A_\lambda^{A} = K_\lambda^{A} C^{A} \\ &\text{对于单组分 B：} A_\lambda^{B} = K_\lambda^{B} C^{B} \end{aligned}\right\} \tag{2-10-2}$$

设 $A_{\lambda_1}^{A+B}$、$A_{\lambda_2}^{A+B}$ 分别代表在 λ_1 及 λ_2 时混合溶液的总吸光度，则

$$A_{\lambda_1}^{A+B} = A_{\lambda_1}^{A} + A_{\lambda_1}^{B} = K_{\lambda_1}^{A}C^{A} + K_{\lambda_1}^{B}C^{B} \quad (2-10-3)$$

$$A_{\lambda_2}^{A+B} = A_{\lambda_2}^{A} + A_{\lambda_2}^{B} = K_{\lambda_2}^{A}C^{A} + K_{\lambda_2}^{B}C^{B} \quad (2-10-4)$$

此处 $A_{\lambda_1}^{A}$、$A_{\lambda_1}^{B}$、$A_{\lambda_2}^{A}$，$A_{\lambda_2}^{B}$ 分别代表 λ_1 及 λ_2 时组分 A 和组分 B 的吸光度。由式（2－10－3）可得：

$$C^{B} = \frac{A_{\lambda_1}^{A+B} - K_{\lambda_1}^{A}C^{A}}{K_{\lambda_1}^{B}} \quad (2-10-5)$$

将式（2－10－5）代入式（2－10－4）得：

$$C^{A} = \frac{K_{\lambda_1}^{B}A_{\lambda_2}^{A+B} - K_{\lambda_2}^{B}A_{\lambda_1}^{A+B}}{K_{\lambda_2}^{A}K_{\lambda_1}^{B} - K_{\lambda_2}^{B}K_{\lambda_1}^{A}} \quad (2-10-6)$$

这些不同的 K 值均可由纯物质求得，也就是说，在纯物质的最大吸收峰的波长 λ 时，测定吸光度 A 和浓度 C 的关系。如果在该波长处符合贝尔－郎比定律，那么 $A-C$ 为直线，直线的斜率为 K 值，$A_{\lambda_1}^{A+B}$、$A_{\lambda_2}^{A+B}$ 是混合溶液在 λ_1、λ_2 时测得的总吸光度，因此根据式（2－10－5）、式（2－10－6）即可计算混合溶液中组分 A 和组分 B 的浓度。

（3）若两种被测组分的吸收曲线相互重合，而又不遵守贝尔－郎比定律。

（4）混合溶液中含有未知组分的吸收曲线。

以上（3）与（4）两种情况，由于计算及处理比较复杂，此处不讨论。

本实验是用分光光度法测定弱电解质（甲基红）的电离常数，由于甲基红本身带有颜色，而且在有机溶剂中电离度很小，所以用一般的化学分析法或其他物理化学方法进行测定都有困难，但用分光光度法可不必将其分离，且同时能测定两组分的浓度。甲基红的有机溶剂中形成下列平衡：

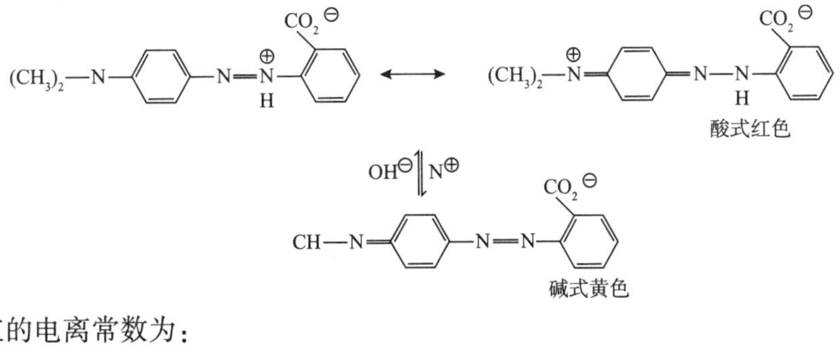

甲基红的电离常数为：

$$K_a = \frac{[H^+][C^B]}{[C^A]}$$

或
$$pK_a = pH - \lg\frac{[C^B]}{[C^A]} \quad (2-10-7)$$

由式（2－10－7）可知，只要测定溶液中组分 A 与组分 B 的浓度及溶液的 pH 值［由于本体系的吸收曲线属于上述讨论中的第二种类型，因此可用分光光度法通过式（2－10－5）、式（2－10－6）求出组分 A 与组分 B 的浓度］，即可求得甲基红的电离常数。

三、实验仪器与试剂

（1）实验仪器　7200型分光光度计1台，pHs－3D型酸度计1台，容量瓶（1000mL）7只，量筒（100mL）1只，烧杯（100mL）4只，移液管（25mL，胖肚）2支，移液管（10mL，刻度）2支，洗耳球1只。

（2）实验试剂　酒精（95%，化学纯），盐酸（0.1mol/L），醋酸钠（0.01mol/L），醋酸钠（0.04mol/L），醋酸（0.02mol/L），甲基红（固体）。

四、实验操作步骤

1. 溶液制备

（1）甲基红溶液　将1g晶体甲基红加300mL 95%酒精，用蒸馏水稀释至500mL。

（2）标准溶液　取10mL上述配好的溶液加50mL 95%酒精，用蒸馏水稀释至100mL。

（3）溶液A　将10mL标准溶液加10mL、0.1mol/L HCl，用蒸馏水稀释至100mL。

（4）溶液B　将10mL标准溶液加25mL、0.04mol/L NaAc，用蒸馏水稀释至100mL。

溶液A的pH值约为2，甲基红以酸式存在。溶液B的pH值约为8，甲基红以碱式存在。把溶液A和溶液B和空白溶液（蒸馏水）分别放入三个洁净的比色槽内，测定吸收光谱曲线。

2. 测定吸收光谱曲线

（1）用7200型分光光度计测定溶液A和溶液B的吸收光谱曲线求出最大吸收峰的波长。波长从360nm开始，每隔20nm测定一次（每改变一次波长都要先用空白溶液校正），直至620nm为止。由所得的吸光度A与λ绘制$A-\lambda$曲线，从而求得溶液A和溶液B的最大吸收峰波长λ_1和λ_2。

（2）求$K_{\lambda_1}^{A}$、$K_{\lambda_2}^{A}$、$K_{\lambda_1}^{B}$、$K_{\lambda_2}^{B}$。将溶液A用0.01mol/L HCl稀释至开始浓度的0.75倍、0.50倍、0.25倍。溶液B用0.01mol/L NaAc稀释至开始浓度的0.75倍、0.50倍、0.25倍。并在溶液A、溶液B的最大吸收峰波长λ_1、λ_2处测定上述各溶液的吸光度。如果在λ_1、λ_2处上述溶液符合贝尔－郎比定律，则可得到四条$A-C$直线，由此可求出$K_{\lambda_1}^{A}$、$K_{\lambda_2}^{A}$、$K_{\lambda_1}^{B}$、$K_{\lambda_2}^{B}$。

3. 测定混合溶液的总吸光度及其pH值

（1）配制四种混合液。

①10mL标准液＋25mL、0.04mol/L NaAc＋50mL、0.02mol/L HAc加蒸馏水稀释至100mL。

②10mL标准液＋25mL、0.04mol/L NaAc＋25mL、0.02mol/L HAc加蒸馏水稀释至100mL。

③10mL标准液＋25mL、0.04mol/L NaAc＋10mL、0.02mol/L HAc加蒸馏水稀释

至 100mL。

④10mL 标准液 + 25mL、0.04mol/L NaAc + 5mL、0.02mol/L HAc 加蒸馏水稀释至 100mL。

（2）用 λ_1、λ_2的波长测定上述四种溶液的总吸光度。

（3）测定上述四种溶液的 pH 值。

五、实验注意事项

（1）比色槽经过校正后，不能随意与另一套比色槽个别地交换，需经过校正后才能更换，否则将引入误差。

（2）pH 计应在接通电源 20～30min 后进行测定。

（3）本实验 pH 计使用的复合电极，在使用前复合电极需在 3mol/L KCl 溶液中浸泡一昼夜。复合电极的玻璃电极玻璃很薄，容易破碎，切不可与任何硬东西相碰。

六、实验数据处理

（1）画出溶液 A 和溶液 B 的吸收光谱曲线，并在曲线上求出最大吸收峰的波长 λ_1、λ_2。

（2）将 λ_1、λ_2时的溶液 A，溶液 B 分别测得的浓度与吸光度值作图，得到四条 A－C 直线，求出四个摩尔吸光系数 $K^A_{\lambda_1}$、$K^B_{\lambda_1}$、$K^A_{\lambda_2}$、$K^B_{\lambda_2}$。

（3）由混合溶液的总吸光度，根据式（2－10－5）、式（2－10－6）求出混合溶液中组分 A，组分 B 的浓度。

（4）求出各混合溶液中甲基红的电离常数。

七、思考题

（1）制备溶液时，所用的 HCl、HAc、NaAc 溶液各起什么作用?

（2）用分光光度法进行测定时，为什么要用空白溶液校正零点? 理论上应该用什么溶液校正? 在本实验中用的是什么? 为什么?

八、讨论

（1）分光光度法与分析中的比色法相比较是有一系列优点，首先它的应用不局限于可见光区，可以扩大到紫外和红外区，所以对于一系列没有颜色的物质也可以应用。此外，也可以在同一样品中对两种以上的物质（不需要预先进行分离）同时进行测定。

（2）吸收光谱的方法在化学中得到广泛的应用和迅速发展，也是物理化学研究中的重要方法之一，例如用于测定平衡常数以及研究化学动力学中的反应速度和机理等，由于吸收光谱实际上是决定于物质内部结构和相互作用，因此对它的研究有助于了解溶液中分子结构及溶液中发生的各种相互作用（如络合、离解、氢键等性质）。

实验 11　B－Z 振荡反应

一、实验目的

（1）了解 Belousov－Zhabotinskii（简称 B－Z 反应）的基本原理。
（2）掌握研究化学振荡反应的一般方法。
（3）初步认识体系远离平衡态下的复杂行为。

二、实验原理

非平衡非线性问题是自然科学领域中普遍存在的问题。目前，这一新兴的研究领域受到了足够重视，大量的研究工作正在进行。该领域研究工作的主要问题是：体系在远离平衡态下，由于本身的非线性动力学机制而产生宏观时空有序结构，Prigogine 等称其为耗散结构（dissipative structure）。最经典的耗散结构是 B－Z 体系的时空有序结构，所谓 B－Z 体系，是指由溴酸盐、有机物在酸性介质中，在有（或无）金属离子催化剂催化下构成的体系。它是由苏联科学家 Belousov 发现的，后经 Zhabotinskii 发展而得名。

1972 年，R. J. Field、E. Körös，R. M. Noyes 等通过实验对 B－Z 振荡反应作出了解释，其主要思想是：体系中存在着两个受溴离子浓度控制的过程 A 和 B；当 Br^- 浓度高于临界（cr2t.）浓度 $[Br^-]_{crit}$ 时发生 A 过程，当 Br^- 浓度低于 $[Br^-]_{crit}$ 时发生 B 过程。也就是说：Br^- 浓度起着开关作用，它控制着 A 过程到 B 过程，再由 B 过程到 A 过程的转变。在 A 过程中，由于化学反应 Br^- 浓度降低，当 Br^- 浓度达到 $[Br^-]_{crit}$ 时，B 过程发生。在 B 过程中，Br^- 再生，Br^- 浓度增加，当 Br^- 浓度达到 $[Br^-]_{crit}$ 时，A 过程发生。这样，体系就在 A 过程、B 过程间往复振荡。下面以 $BrO_3^- - Ce^{4+} - MA - H_2SO_4$ 体系为例说明。

当 Br^- 浓度足够高时，发生下列 A 过程：

$$BrO_3^- + Br^- + 2H^+ \xrightarrow{k_1} HBrO_2 + HOBr \qquad (2-11-1)$$

$$HBrO_2 + Br^- + H^+ \xrightarrow{k_2} 2HOBr \qquad (2-11-2)$$

其中反应（2－11－1）是速率控制步，当达到准定态时，有 $[HBrO_2] = \frac{k_1}{k_2}[BrO_3^-][H^+]$。

当 Br^- 浓度低时，发生下列 B 过程，Ce^{3+} 被氧化：

$$BrO_3^- + HBrO_2 + 2H^+ \xrightarrow{k_3} 2BrO_2 + H_2O \qquad (2-11-3)$$

$$BrO_2 + Ce^{3+} + H^+ \xrightarrow{k_4} HBrO_2 + Ce^{4+} \qquad (2-11-4)$$

$$2BrO_2 \xrightarrow{k_5} BrO_3^- + HOBr + H^+ \quad (2-11-5)$$

反应（2－11－3）是速率控制步，反应经（2－11－3）、（2－11－4）过程将自催化产生 $HBrO_2$。当达到准定态时：

$$[HBrO_2] \approx \frac{k_3}{2k_5}[BrO_3^-][H^+]$$

由反应（2－11－2）和反应（2－11－3）可以看出：Br^- 和 BrO_3^- 是竞争 $HBrO_2$ 的。当 $k_2[Br^-] > k_3[BrO_3^-]$ 时，自催化过程（2－11－3）不可能发生。自催化是 B－Z 振荡反应中必不可少的步骤，否则该振荡不能发生。Br^- 的临界浓度为：

$$[Br^-]_{crit} = \frac{k_3}{k_2}[BrO_3^-] \approx 5\times10^{-6}[BrO_3^-]$$

Br^- 的再生可通过下列过程实现：

$$4Ce^{4+} + BrCH(COOH)_2 + H_2O + HOBr \xrightarrow{k_6} 2Br^- + 4Ce^{3+} + 3CO_2 + 6H^+ \quad (2-11-6)$$

该体系的总反应为：

$$2H^+ + 2BrO_3^- + 2CH_2(COOH)_2 \longrightarrow 2BrCH(COOH)_2 + 3CO_2 + 4H_2O \quad (2-11-7)$$

振荡的控制物种是 Br^-。

二、实验仪器与试剂

（1）实验仪器　217 型甘汞电极（用 $1mol/dm^3$ H_2SO_4 作液接）。

（2）实验试剂　丙二酸（AR），硫酸铈铵（AR），硫酸（AR），溴酸钾（GRA，也可用分析纯进行重结晶），$0.004mol/dm^3$ 的硫酸铈铵溶液（在 $0.20mol/dm^3$ 硫酸介质中配制）。

三、实验操作步骤

（1）观察体系的颜色变化，记录相应的电势曲线。

按图 2－11－1 连好仪器装置。接通记录仪，打开超级恒温槽，将温度恒在（25.0 ± 0.1）℃。在 100mL 反应器中加入浓度为 $0.5mol/dm^3$ 的丙二酸、浓度为 $0.25mol/dm^3$ 的 $KBrO_3$、浓度为 $3.00mol/dm^3$ 的硫酸各 10mL 并混合，打开记录仪。恒温 5min 后加入 10mL 浓度为 $0.04mol/dm^3$ 的硫酸铈铵溶液，观察溶液

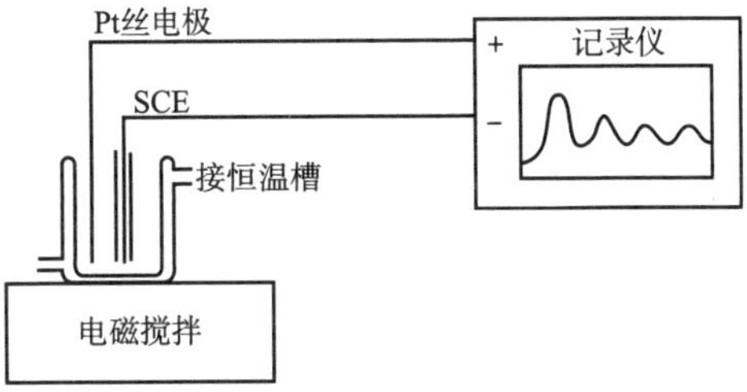

图 2－11－1　B－Z 反应实验装置图

颜色变化，记录相应的电势曲线。

断开记录仪，接上数字电压表，重复上述实验，观察体系的颜色变化与电势变化的关系，记下其电势变化的范围。

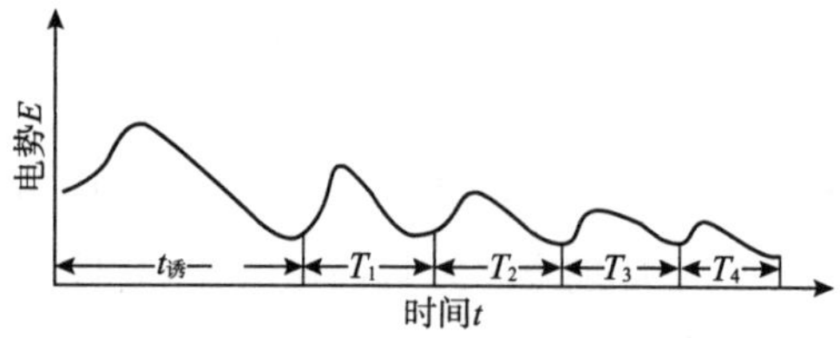

图 2-11-2　B-Z 反应的电势振荡曲线

(2) 测量诱导期（$t_{诱}$）和周期（T_1）随温度的变化，振荡的诱导期和周期的定义如图 2-11-2 所示。从加入硫酸铈铵到振荡开始定义为 $t_{诱}$，振荡开始后每个周期依次定义为 T_1、T_2、T_3……。

按步骤（1）的配方，在 20～50℃之间选择 5～8 个合适的温度（如 20.0℃、25.0℃、30.0℃……），在每个温度下重复前面的实验，准确记录 $t_{诱}$ 和周期（记录前 10 个周期即可）。每个温度下的 $t_{诱}$ 和 T_1 至少重复三次。

(3) 按步骤（1）的配方，将丙二酸、$KBrO_3$、硫酸混合搅拌均匀后停止搅拌，小心加入 10mL 硫酸铈铵溶液，观察并记录现象。

四、结果及讨论

(1) 据实验步骤（1）的电势曲线与颜色和电势值的对应关系，分析 Pt 丝电极记录的电势。曲线主要反映哪个电极电势的变化？试说明理由。

(2) 据实验步骤（2）的实验结果并作下列假定：诱导期的长短与反应速率成反比。即

$$1/t_{诱} \propto k = A\exp(-E_{表}/RT)$$

由此可得到：

$$\ln(1/t_{诱}) = \ln A - E_{表}/RT$$

作 $\ln(1/t_{诱})-1/T$ 图，求出表现活化能 $E_{表}$（kJ/mol）。从 $\ln(1/t_{诱})-1/T$ 图为直线，对诱导期中进行的反应有何推测？试说明理由。

(3) 分析周期 T_1 随温度的变化。

(4) 讨论实验步骤（3）观察到的现象，分析在没有搅拌时形成空间图案的原因，分析搅拌所起的作用。

五、思考题

(1) 本实验记录的电势主要代表了什么意思？它与 Nernst 方程求得的电势有何不同？为什么？

(2) 有人认为，根据热力学第二定律总有：$(dS)_{E,V} \geq 0$，而该实验的电势却呈周期性变化（它反映了物种浓度的周期性变化）。这与第二定律矛盾，你认为如何？试分析之。

电化学

实验 12　电极制备和电动势的测定

一、实验目的

（1）了解测量电池电动势的原理和方法。

（2）掌握 EM－3C 数字式电子电位差计、标准电池的使用方法及注意事项。

（3）学会铜、锌电极的制备和处理方法。

二、实验原理

电池由正、负两个电极组成，电池的电动势等于两个电极电势的差值。

$$E = \varphi_{+} - \varphi_{-}$$

式中：φ_{+} 为正极的电极电势；φ_{-} 为负极的电极电势。

以 Cu－Zn 电池为例：

电池符号为：$Zn|ZnSO_4\ (a_1)\ ||\ CuSO_4(a_2)\ |Cu$

以纯固体的活度为 1，则

Zn 电极的电极电势：$\varphi_{Zn^{2+}|Zn} = \varphi^{\ominus}_{Zn^{2+}|Zn} - \dfrac{RT}{2F}\ln\dfrac{1}{a_{Zn^{2+}}}$

Cu 电极的电极电势：$\varphi_{Cu^{2+}|Cu} = \varphi^{\ominus}_{Cu^{2+}|Cu} - \dfrac{RT}{2F}\ln\dfrac{1}{a_{Cu^{2+}}}$

Zn－Cu 电极的电极电势：
$$\begin{aligned} E &= \varphi_{Cu^{2+}|Cu} - \varphi_{Zn^{2+}|Zn} \\ &= \varphi^{\ominus}_{Cu^{2+}|Cu} - \varphi^{\ominus}_{Zn^{2+}|Zn} - \frac{RT}{2F}\ln\frac{a_{Zn^{2+}}}{a_{Cu^{2+}}} \\ &= E^{\ominus}\frac{RT}{2F}\ln\frac{a_{Zn^{2+}}}{a_{Cu^{2+}}} \end{aligned}$$

也可直接根据电池反应写出电池的电动势计算公式。

在一定温度下，电极电势的大小取决电极的性质和溶液中有关离子的活度。由于电极电势的绝对值不能测量，在电化学中，通常将标准氢电极的电极电势定为零，其他电极的电极电势值是与标准氢电极比较而得到的相对值，但由于使用标准氢电极条件要求苛刻，难于实现，故常用一些制备简单、电势稳定的可逆电极作为参考电极来代替，如甘汞电极等。

电池电动势不能用伏特计直接测量。因为当把伏特计与电池接通后，由于电池放电，不断发生化学变化，电池中溶液的浓度将不断改变，因而电动势值也会发生变化。另一方面，电池本身存在内电阻，所以伏特计所量出的只是两极上的电势降，而不是电池的电动势，只有在没有电流通过时的电势降才是电池真正的电动势。电势差计是可以利用对消法原理进行电势差测量的仪器，即能在电池无电流（或极小电流）通过时测得其两极的电势差，这时的电势差就是电池的电动势。

另外，本实验采用盐桥（饱和 KCl 溶液）使产生显著液体接界电势的两种溶液彼此不直接接界，以降低液体接界电势。

三、实验仪器与试剂

（1）实验仪器　EM－3C 数字式电子电位差计 1 台（见图 2－12－1），饱和甘汞电极 1 支。

（2）实验试剂　饱和的 KCl 盐桥 1 个。

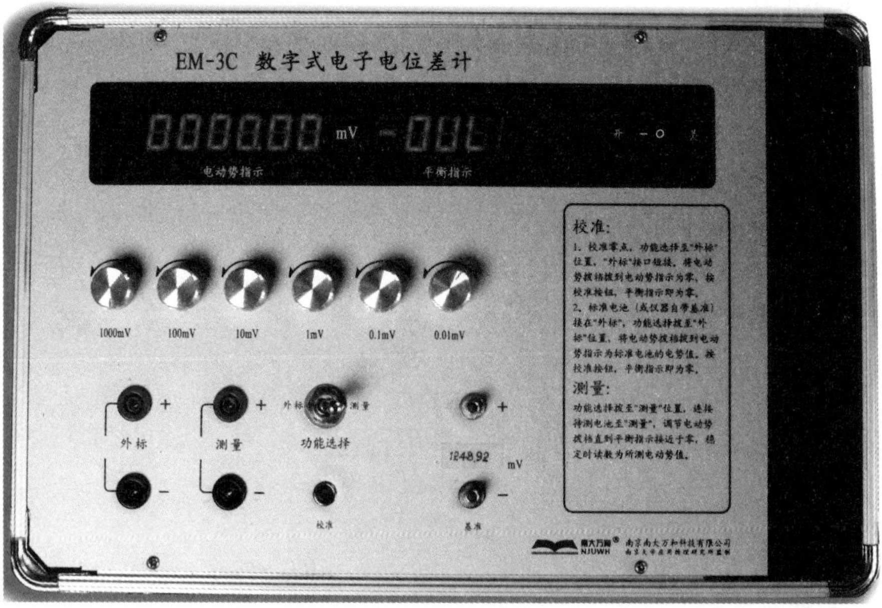

图 2－12－1　EM－3C 数字式电子电位差计

四、实验操作步骤

（1）处理电极，将锌电极片和铜电极片用砂纸多次打磨抛光，最后用蒸馏水冲洗并擦干。

（2）将处理好的自制电极插入相应的电解质溶液里，并插入饱和甘汞电极（要检查一下饱和甘汞电极中的液体是否够，若不够必须补充饱和 KCl），测定下列电池的电动势（电池⑤、⑥要插入盐桥）：

①Zn | 0. 1mol/L $ZnSO_4$ | 饱和甘汞电极；

②Zn | 0. 01mol/L $ZnSO_4$ | 饱和甘汞电极；

③饱和甘汞电极 | 0. 1mol/L $CuSO_4$ | Cu；

④饱和甘汞电极 | 0. 01mol/L $CuSO_4$ | Cu；

⑤Zn | 0. 1mol/L $ZnSO_4$ || 0. 1mol/L $CuSO_4$ | Cu；

⑥Zn | 0. 01mol/L $ZnSO_4$ || 0. 01mol/L $CuSO_4$ | Cu。

测量电动势时，对每个原电池均应测量三次（即关闭电源过一会再打开），取其平均值。

五、实验注意事项

（1）仪器接通的时间越短越好，以防止电池极化产生误差。

（2）实验完毕，仪器要清洗复原，旋钮打至零。

六、实验数据记录与处理

1. 数据记录

室温：实验开始读数__________ 大气压强：实验开始读数__________

实验结束读数__________ 实验结束读数__________

平均值__________ 平均值__________

电池序号	电动势/V			
	测量次数			平均值
	第一次	第二次	第三次	
①				
②				
③				
④				
⑤				
⑥				

2. 数据处理

（1）根据物理化学数据手册上的饱和甘汞电极的电极电势数据，以及所测得的电池①、②、③、④的电动势，计算铜电极和锌电极的电极电势。

（2）根据以上所得的铜电极和锌电极的电极电势计算铜电极和锌电极的标准电极电势，并与物理化学数据手册上所列的标准电极电势数据进行比较。

不同浓度的离子 25℃时的平均活度系数 $\gamma_{\pm}$ 见下表。

c/(mol/L)	0.100	0.010
$\gamma_{\pm}$ ($CuSO_4$)	0.160	0.400
$\gamma_{\pm}$ ($ZnSO_4$)	0.150	0.387

七、思考题

(1) 若指针总是往一个方向偏转，说明了什么？
(2) 该实验能否尝试测定一下干电池？

实验 13　铁的极化和钝化曲线的测定

一、实验目的

（1）测定铁在 H_2SO_4 中阴极极化、阳极极化和钝化曲线。

（2）求算铁的自腐蚀电势、腐蚀电流和钝化电势、钝化电流等。

（3）掌握恒电势法的测量原理和实验方法。

二、实验原理

铁在 H_2SO_4 溶液中，将不断被溶解，同时产生 H_2，即

$$Fe + 2H^+ = Fe^{2+} + H_2\uparrow \quad \text{(a)}$$

Fe/H_2SO_4 体系是一个二重电极，即在 Fe/H_2SO_4 界面上同时进行两个电极反应：

$$Fe \rightleftharpoons Fe^{2+} + 2e \quad \text{(b)}$$

$$2H^+ + 2e \rightleftharpoons H_2 \quad \text{(c)}$$

反应（b）及反应（c）称为共轭反应，正是由于有反应（c）存在，反应（b）才能不断进行，这就是铁在酸性介质中腐蚀的主要原因。

当电极不与外电路接通时，其净电流 $I_{总}$ 为零。在稳定状态下，铁溶解的阳极电流 I（Fe）和 H^+ 还原出 H_2 的阴极电流 $I(H)$，它们在数值上相等但符号相反，即

$$I_{总} = I(Fe) + I(H) = 0 \quad (2-13-1)$$

$I(Fe)$ 表示流过 Fe 电极电流，它的大小反映了 Fe 在 H_2SO_4 中的溶解速率，而维持 $I(Fe)$、$I(H)$ 相等时的电势称为 Fe/H_2SO_4 体系的自腐蚀电势 ε_{corr}。

图 2－13－1 是 Fe 在 H_2SO_4 中的阳极极化和阴极极化曲线图。当对电极进行阳极极化（即加更大正电势）时，反应（c）被抑制，反应（b）加快。此时，电化学过程以 Fe 的溶解为主要倾向。通过测定对应的极化电势和极化电流，就可得到 Fe/H_2SO_4 体系的阳极极化曲线 *rba*。由于反应（b）是由迁越步骤所控制，所以符合塔菲尔（Tafel）半对数关系，即

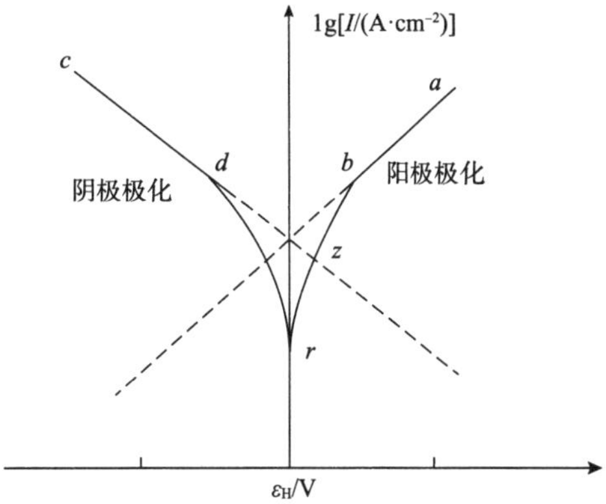

图 2－13－1　Fe 的极化曲线

$$\eta(\mathrm{Fe}) = a(\mathrm{Fe}) + b(\mathrm{Fe})\lg \frac{i(\mathrm{Fe})}{\mathrm{A} \times \mathrm{cm}^{-2}} \qquad (2-13-2)$$

直线的斜率为 $b(\mathrm{Fe})$。

当对电极进行阴极极化，即加更负的电势时，反应（b）被抑制，电化学过程以反应（c）为主要倾向。同理，可获得阴极极化曲线 *rdc*。由于 H^+ 在 Fe 电极上还原出 H_2 的过程也是由迁越步骤所控制，故阴极极化曲线也符合塔菲尔关系，即

$$\eta(\mathrm{H}) = a(\mathrm{H}) + b(\mathrm{H})\lg \frac{i(\mathrm{H})}{\mathrm{A} \times \mathrm{cm}^{-2}} \qquad (2-13-3)$$

当把阳极极化曲线 *abr* 的直线部分 *ab* 和阴极极化曲线 *cdr* 的直线部分 *cd* 外延，理论上应交于一点（*z*），则 *z* 点的纵坐标就是 $\lg[I_{corr}/(\mathrm{A \cdot cm^{-2}})]$，即腐蚀电流 I_{corr} 的对数，而 *z* 点的横坐标则表示自腐电势 ε_{corr} 的大小。

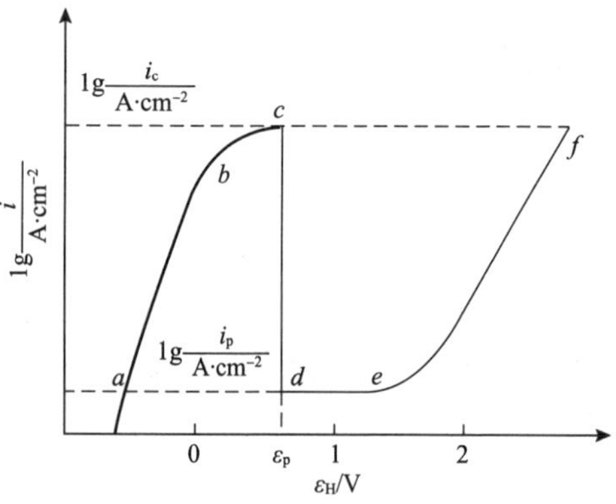

图 2－13－2　Fe 的钝化曲线

当阳极极化进一步加强时，铁的阳极溶解进一步加快，极化电流迅速增大。当极化电势超过 ε_p时，$I(\mathrm{Fe})$ 很快下降到 *d* 点，如图 2－13－2所示。此后虽然不断增加极化电势，但 $I(\mathrm{Fe})$ 一直维持在一个很小的数值，如图中 *de* 段所示。直到极化电势超过 1.5V 时，$I(\mathrm{Fe})$ 才重新开始增加，如 *ef* 段示。此时 Fe 电极上开始出氧。从 *a* 点到 *b* 点的范围称为活化区，从 *c* 点到 *d* 点的范围称为钝化过渡区，从 *d* 点到 *e* 点的范围称为钝化区，从 *e* 点到 *f* 点称为超钝化区。ε_p称为钝化电势，I_p称为钝化电流。

铁的钝化现象可作如下解释：图 2－13－2 中 *ab* 段是 Fe 的正常溶解曲线，此时铁处在活化状态。*bc* 段出现极限电流是由于 Fe 的大量快速溶解。当进一步极化时，Fe^{2+} 离子与溶液中的 SO_4^{2-} 离子形成 $FeSO_4$沉淀层，阻滞了阳极反应。由于 H^+ 不易达到 $FeSO_4$层内部，使 Fe 表面的 pH 增加；在电势超过约 0.6V 时，Fe_2O_3开始在 Fe 的表面生成，形成了致密的氧化膜，极大地阻滞了 Fe 的溶解，因而出现了钝化现象。由于 Fe_2O_3在高电势范围内能够稳定存在，故铁能保持在钝化状态，直到电势超过 O_2/H_2O 体系的平衡电势（+1.23V）相当多时（+1.6V），才开始产生氧气，电流重新增加。

金属钝化现象有很多实际应用，金属处于钝化状态对于防止金属的腐蚀和电解中保护不溶性的阳极是极为重要的；而在另一些情况下，钝化现象却十分有害，如对于化学电源、电镀中的可溶性阳极等，这时则应尽力防止阳极钝化现象的发生。

凡能促使金属保护层破坏的因素都能使钝化后的金属重新活化，或能防止金属钝化。例如，加热、通入还原性气体、阴极极化、加入某些活性离子（如 Cl^-）、改变 pH 值等均能使钝化后的金属重新活化或能防止金属钝化。

对 Fe/H_2SO_4 体系进行阴极极化或阳极极化（在不出现钝化现象情况下）既可采用恒电流的方法，也可以采用恒电势的方法，所得到的结果一致。但对测定钝化曲线，必须采用恒电势方法，如采用恒电流方法，则只能得到图 2－13－2 中 *abcf* 部分，而无法获得完整的钝化曲线。

二、实验仪器与试剂

（1）实验仪器　DJS－292 型恒电位仪，三室电解池，铂片辅助电极，饱和甘汞电极，圆柱形铁工作电极。

（2）实验试剂　H_2SO_4 溶液（$1mol/dm^3$，AR）。

三、实验操作步骤

1. 连接仪器装置

实验装置连接如图 2－13－3 所示。采用三室电解池；辅助电极室和工作电极室之间采用玻璃砂隔板；工作电极采用纯铁，并加工成 $\phi2.5mm \times 10mm$ 的小圆棒，一端有螺纹，可拧在电极杆末端的螺丝上。工作电极的结构如图 2－13－4 所示。

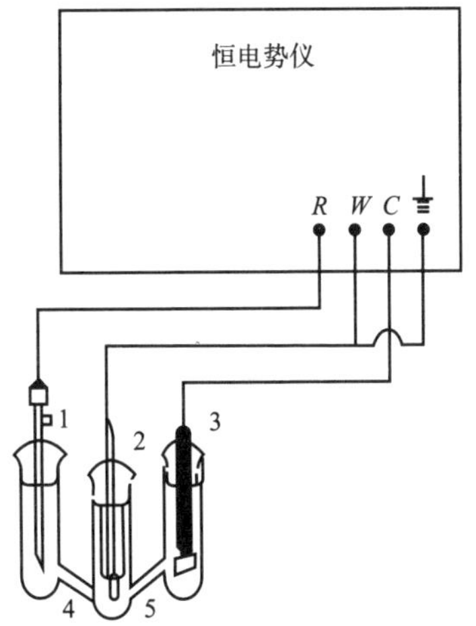

图 2－13－3　恒电势法测定极化曲线装置图

1—饱和甘汞电极；2—Fe 工作电极；

3—铂片辅助电极性；4，5—玻璃砂隔板

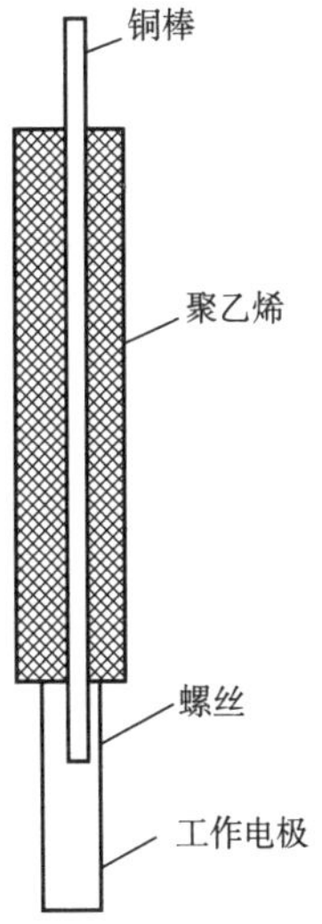

图 2－13－4　工作电极

2. 电极处理

工作电极分别用 200 号至 800 号水砂纸打磨，抛光成镜面。用卡尺测量其外径和长度。将电极固定在电极杆上，擦拭干净后放入乙醇、丙酮中去油。

去油后的工作电极进一步进行电抛光处理。即将电极放入 $HClO_4$、HAc 的混合液中

（按4：1配制）进行电解。工作电极为阳极，Pt电极为阴极，电流密度为85mA/cm^2（铁电极），电解2min，取出后用重蒸水洗净，用滤纸吸干后，立即放入电解池中。

恒电势阳极极化曲线的测量原理和方法：

控制电势法测量极化曲线时，一般采用恒电势仪，它能将研究电极的电势恒定地维持在所需值，然后测量对应于该电势下的电流。由于电极表面状态在未建立稳定状态之前，电流会随时间而改变，故一般测出的曲线为“暂态”极化曲线。在实际测量中，常采用的控制电势测量方法有下列两种：

（1）静态法　将电极电势较长时间地维持在某一恒定值，同时测量电流随时间的变化，直到电流值基本上达到某一稳定值。如此逐点地测量各个电极电势（例如当工作电极浸入电解池后，立即测其自腐蚀电势 ε_{corr}。每2min测量一次，直到两次测量值相差1～2mV为止，此值即为 ε_{corr}）。

由自腐蚀电势开始，每次改变电势的毫伏值（其绝对值）为2、2、2、2、2、5、5、5、5、5、10、10……。改变电势值后1min读取相应的电流值。先阴极极化后阳极极化，共改变电势200mV左右。

（2）动态法　控制电极电势以较慢的速率连续地改变（扫描），并测量对应电势下的瞬时电流值，并以瞬时电流与对应的电极电势作图，获得整个的极化曲线。所采用的扫描速率（即电势变化的速率）需要根据研究体系的性质选定。一般来说，电极表面建立稳态的速率愈慢，则扫描速率也应愈慢，这样才能使所测得的极化曲线与采用静态法接近。

上述两种方法都已获得了广泛的应用。从测定结果的比较可以看出，静态法测量结果虽较接近稳态值，但测量时间太长，故本实验采用动态法。

3. 实验操作

将处理好的电极，浸入 H_2SO_4溶液中，记录自腐蚀电势 ε_{corr}，并确定扫描速率和扫描范围。一般极化曲线电势选择范围为距自腐蚀电势±200mV。阳极钝化曲线则选择偏离自腐蚀电势1.8V左右。

四、实验数据记录与处理

1. 数据记录

室温：实验开始读数______________　大气压强：实验开始读数______________

实验结束读数______________　实验结束读数______________

平均值______________　平均值______________

2. 数据处理

（1）用半对数坐标纸，作阳极极化曲线和阴极极化曲线，由二者切线的交点 z 求 ε_{corr}、I_{corr}、I_{corr}，并分别求出斜率 b(H)和 b(Fe)。

（2）用半对数坐标纸作钝化曲线，由曲线求钝化电势 ε_p、钝化电流 I_p和钝化电流密度 i_p。

五、思考题

(1) 从极化电势的改变，如何判断所进行的极化是阳极极化，还是阴极极化？

(2) 测定钝化曲线为什么不能采用恒电流法？

(3) 试比较恒电势法和恒电流法的异同，在装置上各有什么特点？

化学动力学

实验 14　量气法测定过氧化氢催化分解反应速率常数

一、实验目的

（1）掌握 H_2O_2催化分解的原理。

（2）学习并掌握测定 H_2O_2催化分解速率的方法，并测其速率常数。

二、实验原理

在没有催化剂时，H_2O_2分解反应缓慢。Pt、Ag、MnO_2、$FeCl_2$、KI 等都能加速它的分解，本实验用 KI 为催化剂，测定 H_2O_2的动力学参数。

H_2O_2分解反应的化学计量式为：

$$2H_2O_2 \longrightarrow 2H_2O + O_2\uparrow$$

该催化分解反应可视为一级反应，其速率方程为：

$$\ln\frac{c_t}{c_0} = -kt \tag{2-14-1}$$

式中：c_0为 H_2O_2的初始浓度；c_t为反应 t 时刻 H_2O_2的浓度；k 为反应速率常数。

在 H_2O_2催化分解过程中，t 时刻 H_2O_2的浓度 c_t可通过测量在相应时间内分解放出 O_2的体积得出。因分解过程中，放出 O_2的体积与分解了的 H_2O_2的浓度成正比，则反应速率方程可转化为：

$$\ln\frac{c_t}{c_0} = \ln\frac{V_\infty - V_t}{V_\infty} = -kt \tag{2-14-2}$$

$$\ln(V_\infty - V_t) = -kt + \ln V_\infty \tag{2-14-3}$$

式中：V_t为 H_2O_2在 t 时刻分解放出的 O_2的体积；V_∞为 H_2O_2全部分解放出的 O_2的体积。

由式（2-14-3）可知：以 $\ln(V_\infty - V_t)$ 对 t 作图，得一直线，由直线的斜率可求出反应速率常数 k。

三、实验仪器与试剂

（1）实验仪器　水位瓶，量气管，移液管，磁力搅拌器（78-1 型），250mL 锥形瓶。

（2）实验试剂　H_2O_2（30%），KI（0.5mol/L），$KMnO_4$（0.1mol/L），H_2SO_4(3mol/L)，

$MnSO_4$（1mol/L）。

四、实验操作步骤

（1）试漏 升高或降低水位瓶，使量气管与水位瓶相差10cm左右，若2min后水位不变，表示不漏气，然后重新使水位瓶与量气管水位相平。

（2）加入反应物 用移液管吸取25mL 0.6% H_2O_2溶液注入反应器中，放进磁搅拌子，使量气管与水位瓶相平，并处于上端“0”处，压紧瓶塞。

（3）测定反应速率 挤压吸管的橡皮头，把1mL KI溶液压入H_2O_2溶液中去，开动磁力搅拌器，并记下开始反应的时间，反应放出的氧气压低量气管液面，不断调节水位瓶，使水位瓶与量气管液面时时处于水平，使系统处于恒压状态。刚开始每隔2min记录时间和量气管读数，几次后每隔5min记录时间和量气管读数，直至收集到30mL O_2为止。

（4）求V_∞值 取5mL 0.6% H_2O_2溶液于250mL锥形瓶中，加入6mol/L H_2SO_4 1mL及1mol/L $MnSO_4$溶液2～3滴，用$KMnO_4$标准溶液滴定至呈微红色，半分钟内不褪色即为终点。

V_∞可由$KMnO_4$的体积及浓度算出。方法如下：按其分解反应的化学方程式可知1mol H_2O_2放出1/2摩尔O_2，在酸性溶液中以高锰酸钾标准溶液滴定H_2O_2，由方程式可知H_2O_2与$KMnO_4$摩尔比是5∶2的关系，故O_2与$KMnO_4$摩尔比是1∶5/4的关系，就可由下式计算出V_∞：

$$2H_2O_2 \longrightarrow 2H_2O + O_2\uparrow$$

$$2KMnO_4 + 5H_2O_2 + 3H_2SO_4 = K_2SO_4 + 2MnSO_4 + 5O_2\uparrow + 8H_2O$$

$$V_\infty = \frac{5 \times 5 \times C_{KMnO_4} \cdot V_{KMnO_4}}{4} \cdot \frac{RT}{p_{O_2}} \quad (mL)$$

式中：$p_{O_2} = p_{大气压} - p_{H_2O}$，单位为kPa。

上式中另一个“5”是标定H_2O_2时只取了5mL，而实际反应是25mL。

五、实验注意事项

（1）整个装置不能漏气。

（2）滴定操作与测定同时进行。

（3）实验过程中必须在恒压恒温下进行，水位瓶自始至终要与量气管中水位相平。

（4）在未做好反应前的准备前，切勿将滴定的KI溶液挤入反应瓶中。

六、实验数据记录与处理

1. 数据记录

室温：实验开始读数____________ 大气压强：实验开始读数____________

实验结束读数________　　　　实验结束读数________

平均值________　　　　平均值________

t/min	V_t/mL	$(V_\infty - V_t)$/mL	$\ln(V_\infty - V_t)$

2. 数据处理

(1) 根据公式 $V_\infty = \dfrac{5 \times 5 \times C_{KMnO_4} \cdot V_{KMnO_4}}{4} \cdot \dfrac{RT}{p_{O_2}}$ 计算出 V_∞。

(2) 以 $\ln(V_\infty - V_t)$ 对 t 作图，得一直线，由直线的斜率 m 求出反应速率常数 k。

七、思考题

(1) 做好本实验的关键是什么？

(2) 催化剂对反应速率有何影响？

实验 15　蔗糖水解反应速率常数的测定

一、实验目的

(1) 根据物质的光学性质研究蔗糖水解反应，测定其反应速率常数。

(2) 了解旋光仪的构造原理，掌握其使用方法。

(3) 用图解分析法求出蔗糖转化反应速率常数 k 值。

二、实验原理

蔗糖在水中水解成葡萄糖与果糖的反应为：

$$\underset{\text{蔗糖}}{C_{12}H_{22}O_{11}} + H_2O \xrightarrow{H^+} \underset{\text{葡萄糖}}{C_6H_{12}O_6} + \underset{\text{果糖}}{C_6H_{12}O_6}$$

为使水解反应加速，反应常以 H^+ 为催化剂，故在酸性介质中进行。水解反应中，水是大量的，反应达终点时，虽有部分水分子参加反应，但与溶质浓度相比可认为它的浓度没有改变，因此该反应可视为一级反应，其动力学方程为：

$$-\frac{dc}{dt} = kc \text{ 或 } k = \frac{2.303}{t}\lg\frac{c_0}{c}$$

式中：c_0为反应开始时蔗糖的浓度；c 为时间 t 时蔗糖的浓度。

反应的半衰期为：
$$t_{1/2} = \frac{\ln 2}{k}$$

蔗糖及其水解产物均为旋光物质，蔗糖是右旋的，水解的混合物中有左旋的，因此可以利用体系在反应过程中旋光度的改变来量度反应的进程。

在其他条件不变时，旋光度 α 与反应物浓度成正比，即：$\alpha = K'c$，式中 K'是与物质的旋光能力、溶液层厚度、光源的波长以及反应时的温度等因素有关的常数。

蔗糖是右旋性物质（比旋光度$[\alpha]_D^{20}=66.6°$），产物中葡萄糖也是右旋性物质（比旋光度$[\alpha]_D^{20}=52.5°$），果糖是左旋性物质（比旋光度$[\alpha]_D^{20}=-91.9°$）。因此水解反应进行时，右旋角不断减小，当反应终了时体系将经过零点变成左旋。

溶液的旋光度为各旋光度之和（加合性）。若反应时间为 0、t、∞ 时溶液的旋光度分别为 α_0、α_t、α_∞，则由 $\alpha = K'c$ 式即可导出：

$$c_0 = K(\alpha_0 - \alpha_\infty)$$

$$c_t = K(\alpha_t - \alpha_\infty)$$

将上两式代入动力学方程式可得：

$$k = \frac{2.303}{t} \lg \frac{\alpha_0 - \alpha_\infty}{\alpha_t - \alpha_\infty}$$

可改写为：$$\lg(\alpha_t - \alpha_\infty) = -\frac{k}{2.303} \times t + \lg(\alpha_0 - \alpha_\infty)$$

如以 $\lg(\alpha_t - \alpha_\infty)$ 对 t 作图可得一直线，由直线的斜率 m 可求得反应速率常数 k，由截距可得到 α_0 。

三、实验仪器

WXG－4 圆盘旋光仪 1 台（见图 2－15－1），旋光管 1 个（见图 2－15－1），HH－2 数显恒温水浴锅 1 台（共用），电子天平 1 台，停表 1 块。

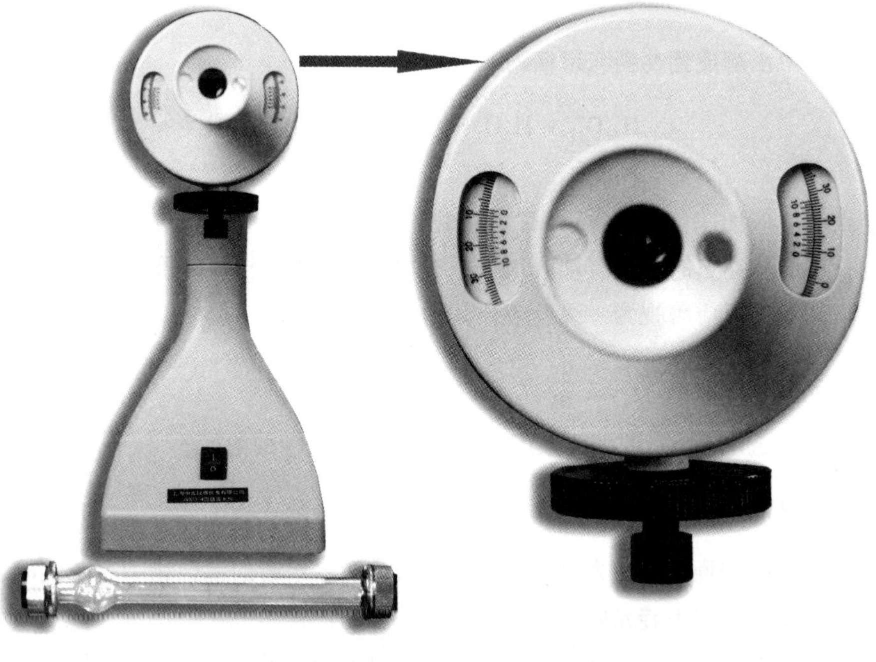

图 2－15－1　WXG－4 圆盘旋光仪及旋光管

四、实验操作步骤

（1）在室温下测定，测出室温和水温。

（2）旋光仪零点的校正：用蒸馏水校正仪器的零点。

洗净旋光管各部分零件，将旋光管一端的盖子旋紧，向管内注入蒸馏水，取玻璃盖片沿管口轻轻推入盖好，再旋紧盖套，勿使其漏水或有气泡产生。操作时不要用力过猛，以免压碎玻璃片。用滤纸或干布擦净旋光管两端玻璃片，并放入旋光仪中，盖上槽盖，盖上黑布，打开旋光仪电源开关，调节目镜使视野清晰，然后旋转检偏镜，使在视野中能观察到明暗相等的三分视野为止（注意：在暗视野下进行测定）。记下刻度盘读数，重复操作三次，取其平均值，此即为旋光仪的零点。测后取出旋光管，倒出蒸馏水。

（3）蔗糖水解过程中 α_t 的测定。

在台称上称取10g 蔗糖，倒入小烧杯中，配成50mL 溶液（于50mL 容量瓶中）。移取25mL 蔗糖溶液于一干燥洁净的100mL 磨口带塞的锥形瓶中，再移取25mL、4mol/L HCl加入其中，当HCl 加至一半时，开始计时。摇匀，用少量的混合液荡洗干净的旋光管2次，再装满旋光管，用抹布擦干旋光管外面的液体，放入仪器中进行测量，反应前20min内，每隔2min 测一次旋光度，20min 后，每隔5min 测一次。

（4）α_∞ 的测定：将步骤（3）的混合液置于60℃左右的水浴中，温热30min，然后取出，冷却至实验温度，测其 α_∞。

（5）用1mol/L 的HCl 作催化剂重复上述操作。

五、实验注意事项

（1）旋光管应擦干外面的液体后，才能放入仪器中进行测量，放入时，带泡一端向上。

（2）旋旋光管盖时，不要旋得太紧，以防把盖玻片压碎。

（3）做完后，应把溶液倒掉，冲洗干净旋光管，以防酸腐蚀旋光管，不要把盖玻片丢失。

六、实验数据记录与处理

1. 数据记录

室温：实验开始读数______________　大气压强：实验开始读数______________

实验结束读数______________　实验结束读数______________

平均值______________　平均值______________

盐酸浓度：______　零点：______　α_∞：______

反应时间 t/min	
α_t	
$(\alpha_t - \alpha_\infty)$	
$\lg(\alpha_t - \alpha_\infty)$	

2. 数据处理

（1）分别用1mol/L、4mol/L 的HCl 作催化剂参加反应的数据，以 $\lg(\alpha_t - \alpha_\infty)$ 对 t 作图，得到两条直线。

（2）根据直线斜率 m_1 和 m_2 求出两个速率常数 k_1、k_2 值。

（3）分别计算两个 HCl 浓度下的蔗糖水解反应的半衰期值 $t_{1/2}$。

七、思考题

（1）蔗糖为什么可用台称称量？

（2）催化剂的浓度及用量对反应速率有何影响？

实验 16　丙酮碘化反应速率常数的测定

——分光光度法

一、实验目的

(1) 了解本实验的原理，通过实验加深对复杂反应特征的理解。

(2) 用图解法求丙酮碘化反应的速率常数。

(3) 掌握分光光度计的使用方法。

二、实验原理

酸催化的丙酮碘化反应是一个复杂反应，初始阶段反应为：

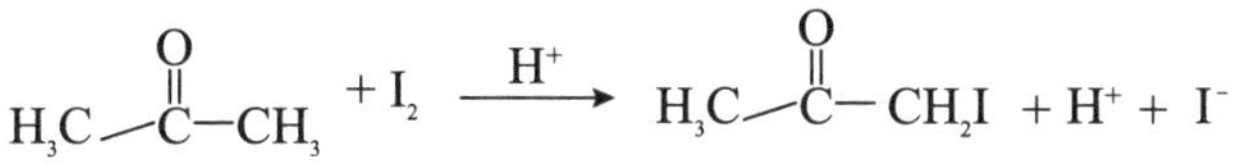

H^+是反应的催化剂，因丙酮碘化反应本身有生成，所以，这是一个自动催化反应。又因反应并不停留在生成一元碘化丙酮上，反应还将继续下去。所以应选择适当的反应条件，测定初始阶段的反应速率。其速率方程可表示为：

$$\frac{\mathrm{d}c_{\mathrm{E}}}{\mathrm{d}t} = \frac{-\mathrm{d}c_{\mathrm{A}}}{\mathrm{d}t} = \frac{-\mathrm{d}c_{\mathrm{I_2}}}{\mathrm{d}t} = kc_{\mathrm{A}}^{p}c_{\mathrm{I_2}}^{q}c_{\mathrm{H^+}}^{r}$$

式中：c_{E}、c_{A}、$c_{\mathrm{I_2}}$、$c_{\mathrm{H^+}}$分别为碘化丙酮、丙酮、碘、盐酸的浓度，mol/L；k为速率常数；p、q、r指数分别为丙酮、碘和氢离子的反应级数。

如反应物碘是少量的，而丙酮和酸对碘是过量的，则反应在碘完全消耗以前，丙酮和酸的浓度可认为基本保持不变，此时反应将限制在按上述方程式进行。实验证实在本实验条件（酸的浓度较低）下，丙酮碘化反应对碘是零级反应，即$q=0$。由于反应速率与碘浓度的大小无关（除非在很高的酸度下），因而反应直到碘全部消耗之前，反应速率v将是常数。即

$$v = \frac{\mathrm{d}c_{\mathrm{E}}}{\mathrm{d}t} = kc_{\mathrm{A}}^{p}c_{\mathrm{H^+}}^{r} = 常数$$

积分后得：

$$c_{\mathrm{E}} = kc_{\mathrm{A}}^{p}c_{\mathrm{H^+}}^{r}t + C$$

$$\frac{\mathrm{d}c_{\mathrm{E}}}{\mathrm{d}t} = -\frac{\mathrm{d}c_{\mathrm{I_2}}}{\mathrm{d}t}$$

可由$c_{\mathrm{I_2}}$的变化求得c_{E}的变化，并可由$c_{\mathrm{I_2}}$对时间t作图，求得反应速率。

因碘溶液在可见光区有宽的吸收带，而在此吸收带中盐酸、丙酮、碘化丙酮则没有明

显的吸收，所以可采用分光光度法直接观测碘浓度的变化，从而测量反应的进程。

由于 $\lg T=\lg\frac{I}{I_0}=-K'Lc_{I_2}$，得 $c_{I_2}=-\frac{\lg T}{K'L}$，则有：$\lg T=k(K'L)c_A{}^p c_{H^+}^r t+B$

将 $v=\frac{dc_E}{dt}=kc_A^p c_{H^+}^r$ 代入上式，得：$\lg T=(K'L)\times v\times t+B$

故通过 $\lg T$ 对 t 时间作图，由其斜率 m 可求得反应速率 v，也就是说两个斜率之比就是两个反应速率之比。

例如：$\frac{v_1}{v_2}=\frac{m_1}{m_2}=\frac{c_{A_1}^p}{c_{A_2}^p}=2^p$，可求出 p。

同理，$\frac{v_1}{v_3}=\frac{m_1}{m_3}=\frac{c_{H_1^+}^r}{c_{H_3^+}^r}=2^r$，可求出 r。

三、实验仪器与试剂

（1）实验仪器　7200 型分光光度计 1 台（见图 2-16-1），停表 1 只，50mL 容量瓶 5 只。

（2）实验试剂　标准碘溶液，标准 HCl 溶液，标准丙酮溶液。

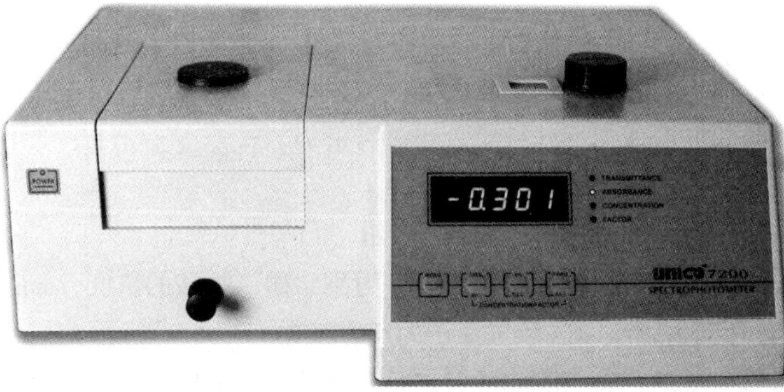

图 2-16-1　7200 型分光光度计

四、实验操作步骤

（1）实验在室温下进行，记下室温。

（2）调整 7200 型分光光度计。

（3）求 $K'L$ 值。

移取 5mL、0.01mol/L I_2液于干净的 50mL 容量瓶中，用蒸馏水稀释至刻度，摇匀。调节波长 $\lambda=520$nm，用一光径为 1cm 的比色皿盛其碘液，测其透光率 T，测定三次取平均值，求 $K'L$ 值。

（4）测定反应混合液不同时间下的透过率值，做 4 次实验。

容量瓶编号	标准碘溶液/mL	标准盐酸溶液/mL	标准丙酮溶液/mL	蒸馏水/mL
1	10.0	10.0	3.0	27.0
2	10.0	10.0	1.5	28.5
3	10.0	5.0	3.0	32.0
4	5.0	10.0	3.0	32.0

每次实验先分别移取一定量的 HCl 和 I_2 标液于一干净的 50mL 容量瓶中，再加入适量的蒸馏水，最后加入一定量的丙酮标液，丙酮加入一半时开始计时，迅速用蒸馏水稀释至刻度，摇匀，装入光径为 1cm 的比色皿中，擦干外表，放入仪器，每分钟读一次 T，读取 10～15 个数据。

五、实验数据记录与处理

1. 数据记录

室温：实验开始读数＿＿＿＿＿＿＿＿　　大气压强：实验开始读数＿＿＿＿＿＿＿＿

实验结束读数＿＿＿＿＿＿＿＿　　实验结束读数＿＿＿＿＿＿＿＿

平均值＿＿＿＿＿＿＿＿　　平均值＿＿＿＿＿＿＿＿

2. 数据处理

（1）求 $K'L$（$c_{I_2}=0.001\text{mol/L}$）。

透光率 T			平均值	$K'L$

（2）求分级数 p、q、r。

混合溶液的时间－透光率

时间 t/min	
透光率 T	
$\lg T$	

根据混合溶液的时间－透光率数据，利用 $\frac{v_1}{v_2}=\frac{m_1}{m_2}=\frac{c_{A_1}^p}{c_{A_2}^p}=2^p$，可求出 p。利用 $\frac{v_1}{v_3}=\frac{m_1}{m_3}=\frac{c_{H_1^+}^r}{c_{H_3^+}^r}=2^r$，可求出 r。

（3）求反应速率常数 k。

根据斜率 $m=k(K'L)c_{H^+}^r c_A^p$ 得：

$$k=\frac{m}{(K'L)c_{H^+}^r c_A^p}$$

这里 c_{H^+}、c_A为稀释后的浓度。4 组实验得到 4 条直线（即 4 个斜率值 m_1、m_2、m_3、m_4），可得 4 个 k 值，最后将反应速率常数取平均值。

六、思考题

（1）为什么要用标准碘溶液测定透光率？

（2）为什么可把碘反应中的分级数看作零级？

实验 17 乙酸乙酯皂化反应速率常数的测定

一、实验目的

(1) 理解反应体系电导与反应物浓度之间的关系。

(2) 掌握电导仪的使用方法。

(3) 学会用图解法求出二级反应的速率常数 k 。

二、实验原理

乙酸乙酯的皂化反应是一个典型的二级反应:

$$CH_3COOC_2H_5 + OH^- \longrightarrow CH_3COO^- + C_2H_5OH$$

设反应物乙酸乙酯与碱的起始浓度相同，则反应速率方程为:

$$-\frac{dc}{dt} = kc^2$$

积分得:

$$k = \frac{1}{tc_0} \cdot \frac{c_0 - c}{c}$$

本实验采用电导法测定反应过程中任一时刻 t 的浓度 c。乙酸乙酯和乙醇不具有明显的电导性。它们的浓度变化不致影响电导的数值。反应中 Na^+ 的浓度始终不变，与电导的变化无关。体系中只是 OH^- 和 CH_3COO^- 的浓度变化对电导的影响较大，由于 OH^- 的迁移速度约是 CH_3COO^- 的 5 倍，所以溶液的电导随着 OH^- 的消耗而逐渐降低。

G_0: NaOH 溶液浓度为 c_0 时的电导;

G_t: NaOH 溶液浓度为 c 时的电导 G_{NaOH} 与 CH_3COONa 溶液浓度为 $(c_0 - c)$ 时的电导 G_{CH_3COONa} 之和;

G_∞: 产物 CH_3COONa 溶液浓度为 c_0 时的电导。

由于溶液的电导与电解质的浓度成正比，所以可以得到用电导表示的反应速率常数的数学表达式:

$$k = \frac{1}{tc_0} \cdot \frac{G_0 - G_t}{G_t - G_\infty}$$

$$\text{或 } G_t = \frac{1}{kc_0} \cdot \frac{G_0 - G_t}{t} + G_\infty$$

由 G_t 对 $(G_0 - G_t)/t$ 作图得到的直线斜率 m，可求得反应速率常数 k。

由反应速率常数表达式可知，本反应的半衰期 $t_{1/2}$ 为:

$$t_{1/2} = \frac{1}{kc_0}$$

亦即作图所得直线的斜率。

三、实验仪器与试剂

（1）实验仪器　76－1 玻璃恒温水浴 1 套，双管皂化池 1 个（见图 2－17－1），DDS－307 电导仪 1 台（见图 2－17－2），电导电极 1 支。

（2）实验试剂　0.02mol/L NaOH 溶液，0.02mol/L $CH_3COOC_2H_5$溶液。

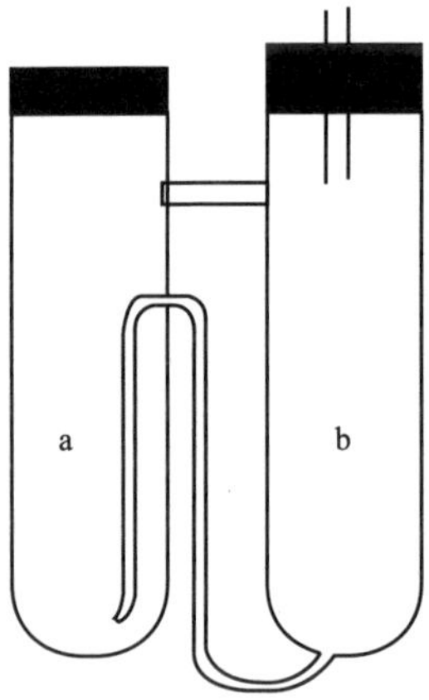

图 2－17－1　双管皂化池

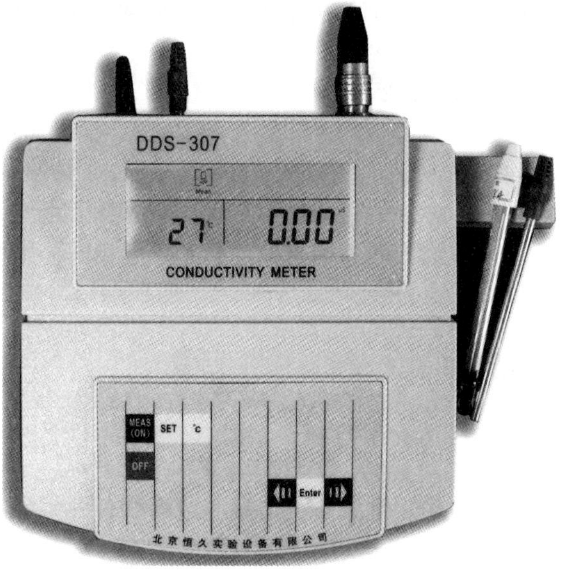

图 2－17－2　DDS－307 电导仪

四、实验操作步骤

（1）配制与 NaOH 标准溶液浓度相同的乙酸乙酯溶液（容量瓶上标有）。本实验分别在 25℃和 35℃完成，先做 25℃后做 35℃。

（2）电导仪的操作：按 MEAS 键，仪器开机，将温度传感器和铂金电极插入待测溶液中，界面上会显示出待测溶液的温度及该温度下的电导。

（3）G_0的测定：移取 10mL NaOH 标液和 10mL 蒸馏水于一干燥洁净的大试管中，用蒸馏水淋洗电导电极，用滤纸吸干水，插入大试管中，将大试管固定于水浴中恒温 10min，打开电导仪，测 G_0。

（4）G_t的测定：将干燥洁净的双管皂化池固定于水浴中（用铁夹夹时要适当，以防夹坏），移 10mL NaOH 标液于 a 管中，移 10mL 配好的与 NaOH 标液浓度相同的乙酸乙酯于 b 管中，用塞子塞好 b 管，以防挥发。电极用蒸馏水洗后，用滤纸吸干水，插入 a 管中，恒温 10min，拿去 b 管塞子上的自由夹，用吸球通过乳胶管将乙酸乙酯溶液迅速压入 a 管

（不要用力过猛将流体溅出），当乙酸乙酯压入一半时开始计时，用吸球反复压几次，使溶液混合均匀。开始每隔 2min 读一次数据，以后每 5min 记一次数据，共测定 1h。

五、实验注意事项

（1）电极应轻拿经放，以防损坏，切勿碰掉铂黑。

（2）皂化管比较贵，用时要加倍小心。

六、实验数据记录与处理

1. 数据记录

室温：实验开始读数 ______　大气压强：实验开始读数 ______

实验结束读数 ______　实验结束读数 ______

平均值 ______　平均值 ______

实验温度：______　G_0：______

时间 t/min					
G_t					
$(G_0 - G_t)$					
$\frac{G_0 - G_t}{t}$					

2. 数据处理

（1）分别利用两个实验温度下的表中数据，以 G_t 对 $(G_0 - G_t)/t$ 作图求出各自温度下的 k。

（2）利用所作之图求实验温度下的 G_∞。

（3）求此反应在两个实验温度下的半衰期 $t_{1/2}$ 值。

（4）利用两个不同实验温度下的 k_1 和 k_2 值，根据 Arrhenius 公式求此反应的活化能 E_a。

$$\ln\frac{k_2}{k_1} = -\frac{E_a}{R}\left(\frac{1}{T_2} - \frac{1}{T_1}\right)$$

七、思考题

（1）配制乙酸乙酯溶液时，为什么在容量瓶中事先放入适量的重蒸馏水？

（2）将 NaOH 溶液稀释一倍的目的是什么？

实验 18　复相催化甲醇分解

一、实验目的

（1）测量甲醇分解反应中 ZnO 催化剂的催化活性，了解反应温度对催化活性的影响。
（2）熟悉动力学实验中流动法的特点。
（3）掌握流动法测定催化剂活性的实验方法。

二、实验原理

催化剂的活性是催化剂催化能力的量度，通常用单位质量或单位体积催化剂对反应物的转化百分率来表示。复相催化时，反应在催化剂表面进行，所以催化剂比表面（单位质量催化剂所具有的表面积）的大小对活性起主要作用。评价催化剂活性的方法可分为静态法和流动法两种。静态法是指反应物不连续加入反应器，产物也不连续移去的实验方法；流动法则相反，反应物不断稳定地进入反应器发生催化反应，离开反应器后再分析其产物的组成。使用流动法时，当流动的体系达到稳定状态后，反应物的浓度就不再随时间而变化。流动法操作难度较大，计算也比静态法麻烦，保持体系达到稳定状态是其成功的关键，因此各种实验条件（温度、压力、流量等）必须恒定。另外，必须选择合理的流速，流速太大时反应物与催化剂接触时间不够，反应不完全，流速太小则气流的扩散影响显著，有时会引起副反应。

本实验采用流动法测量 ZnO 催化剂在不同温度下对甲醇分解反应的催化活性。近似认为该反应无副反应发生（即有单一的选择性），反应方程式为：

$$CH_3OH(g) \xrightarrow[\Delta]{ZnO} CO(g) + 2H_2(g)$$

反应在图 2－18－1 所示的实验装置中进行。氮气的流量由毛细管流速计监控，氮气流经预饱和器、饱和器，在饱和器温度下达到甲醇蒸气的吸收平衡。混合气进入管式炉中的反应管与催化剂接触而发生反应，流出反应器的混合物中有氮气、未分解的甲醇、一氧化碳及氢气。流出气前进时被冰盐冷却剂制冷，甲醇蒸气被冷凝截留在捕集器中，最后由湿式气体流量计测得的是氮气、一氧化碳、氢气的流量。若反应管中无催化剂，则测得的是氮气的流量。根据这两个流量便可计算出反应产物 CO 及 H_2 的体积，据此，可获得催化剂 ZnO 的活性大小。

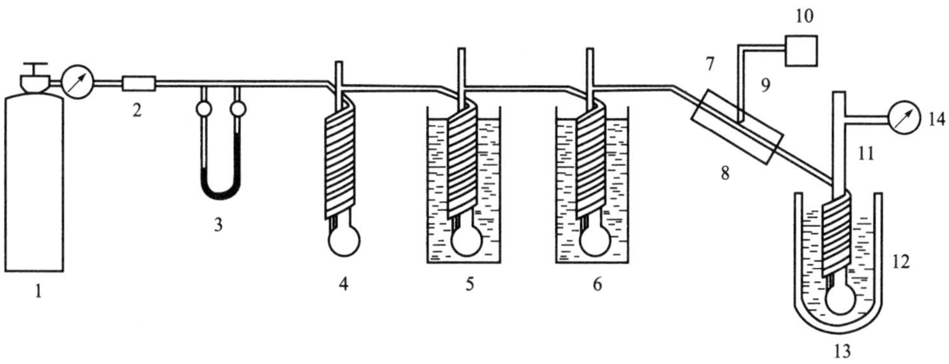

图 2-18-1　氧化锌活性测量装置

1—氮气钢瓶；2—稳流阀；3—毛细管流速计；4—缓冲瓶；5—预饱和器；6—饱和器；7—反应管；8—管式炉；9—热电偶；10—控温仪；11—捕集器；12—冰盐冷剂；13—杜瓦瓶；14—湿式流量计

在指定条件下，催化剂的催化活性以每克催化剂使 100g 甲醇分解掉的克数表示。

$$\text{催化活性} = \frac{W'_{CH_3OH}}{W_{CH_3OH}} \times \frac{100}{W_{ZnO}} = \frac{n'_{CH_3OH}}{n_{CH_3OH}} \times \frac{100}{W_{ZnO}} \qquad (2-18-1)$$

式中：n_{CH_3OH} 和 n'_{CH_3OH} 分别为进入反应管及分解掉的甲醇的摩尔数。

近似认为体系的压力为实验时的大气压，因此

$$p_{\text{体系}} = p_{\text{大气压}} = p_{CH_3OH} + p_{N_2} \qquad (2-18-2)$$

式中：p_{CH_3OH} 为 40℃时的甲醇的饱和蒸气压；p_{N_2} 为体系中 N_2 分压。

根据道尔顿分压定律：

$$\frac{p_{N_2}}{p_{CH_3OH}} = \frac{X_{N_2}}{X_{CH_3OH}} = \frac{n_{N_2}}{n_{CH_3OH}} \qquad (2-18-3)$$

式中：n_{N_2} 为 30min 内进入反应管的 N_2 的摩尔数。因此，可得到 30min 内进入反应管的甲醇摩尔数 n_{CH_3OH} 。

由理想气体状态方程 $p_{\text{大气压}} V_{CH_3OH} = n'_{CH_3OH} RT$ ，可得分解掉甲醇的摩尔数 n'_{CH_3OH} 。

其中 $V_{CH_3OH} = \frac{1}{3} V_{CO+H_2}$ ，T 为湿式流量计上指示的温度。

三、实验仪器与试剂

（1）实验仪器　实验装置（管式炉、控温仪、饱和器、湿式流量计、氮气钢瓶等）1 套。

（2）实验试剂　甲醇（AR），ZnO 催化剂（实验室自制）。

四、实验操作步骤

（1）检查装置各部件是否接妥，预饱和器温度为（43.0 ± 0.1）℃，饱和器温度为（40.0 ± 0.1）℃，杜瓦瓶中放入冰盐水。

（2）将空反应管放入炉中，在老师指导下开启氮气钢瓶，通过稳流阀调节气体流量（观察湿式流量计）在(100 ±5)mL/min 内，记下毛细管流速计的压差。开启控温仪使炉子升温到350℃。在炉温恒定、毛细管流速计压差不变的情况下，每5min 记录湿式流量计读数一次，连续记录30min。

（3）用粗天平称取4g 催化剂，取少量玻璃棉置于反应管中，为使装填均匀，一边向管内装催化剂，一边轻轻转动管子，装完后再于上部覆盖少量玻璃棉以防松散，催化剂的位置应处于反应管的中部。

（4）将装有催化剂的反应管装入炉中，热电偶刚好处于催化剂的中部，控制毛细管流速计的压差与空管时完全相同，待其不变及炉温恒定后，每5min 记录湿式流量计读数一次，连续记录30min。

（5）调节控温仪使炉温升至420℃，不换管，重复步骤（4）的测量。

五、实验注意事项

（1）实验中应确保毛细管流速计的压差在有无催化剂时均相同。

（2）系统必须不漏气。

（3）实验前需检查湿式流量计的水平和水位，并预先运转数圈，使水与气体饱和后方可进行计量。

六、实验数据记录与处理

1. 数据记录

室温：实验开始读数 ______________　　大气压强：实验开始读数 ______________

实验结束读数 ______________　　实验结束读数 ______________

平均值 ______________　　平均值 ______________

2. 数据处理

（1）以空管及装入催化剂后不同炉温时的流量对时间作图，得三条直线，并由三条直线分别求出30min 内通入 N_2 的体积 V_{N_2} 和分解反应所增加的体积 V_{N_2+CO}。

（2）计算30min 内进入反应管的甲醇质量 W_{CH_3OH}。

（3）计算30min 内不同温度下，催化反应中分解掉甲醇的质量 W'_{CH_3OH}。

（4）根据公式（2－18－1），计算不同温度下 ZnO 催化剂的活性。

七、思考题

（1）为什么氮气的流速要始终控制不变？

（2）冰盐冷却器的作用是什么？是否盐加得越多越好？

（3）本实验评价催化剂的方法有什么优缺点。

（4）毛细管流速计与湿式流量计两者有何异同？

八、讨论

（1）催化剂的活性随其制备方法的不同而不同。常用催化剂的制法有沉淀法、浸渍法、热分解法等。浸渍法是制备催化剂常用的方法。它是在多孔性载体上浸渍含有活性组分的盐溶液，再经干燥、焙烧、还原等步骤而成，活性物质被吸附于载体的微孔中，催化反应就在这些微孔中进行，使用载体可使催化剂的催化表面积加大，机械强度增加，活性组分用量减少。载体对催化剂性能的影响很大，应根据需要对载体的比表面、孔结构、耐热性及形状等加以选择。Al_2O_3、S_2O_2、活性炭等都可作为载体。

（2）现用 ZnO 催化剂的制法是：将 10～20 目的活性氧化铝浸泡在硝酸锌的饱和溶液中（氧化铝与纯硝酸锌的质量比为 1∶2.4），24h 后烘干，将烘干物移至马弗炉中升温到有 NO_2放出时停止加热升温，待硝酸锌分解完毕再升温至 600℃，灼热 3h，自然冷却即可。

表面现象与胶体化学

实验 19　最大气泡压力法测溶液的表面张力

一、实验目的

（1）掌握最大气泡法测定表面张力的原理和技术。

（2）通过对不同浓度乙醇溶液表面张力的测定，加深对表面张力、表面自由能和表面吸附量关系的理解。

二、实验原理

在液体的内部，任何分子周围的吸引力是平衡的。可是在液体表面层的分子却不相同。因为表面层的分子，一方面受到液体内层的邻近分子的吸引，另一方面受到液面外部气体分子的吸引，而且前者的作用要比后者大。因此在液体表面层中，每个分子都受到垂直于液面并指向液体内部的不平衡力（见图 2－19－1）。这种吸引力使表面上的分子向内挤促成液体的最小面积。要使液体的表面积增大就必须要反抗分子的内向力而做功增加分子的位能。所以说分子在表面层比在液体内部有更大的位能，这个位能就是表面自由能。通常把增大一平方米表面所需的最大功 A 或增大一平方米所引起的表面自由能的变化值 ΔG 称为单位表面的表面能，其单位为 J/m^2。而把液体限制其表面及力图使它收缩的单位直线长度上所作用的力，称为表面张力，其单位是 N/m。液体单位表面的表面能和它的表面张力在数值上是相等的。

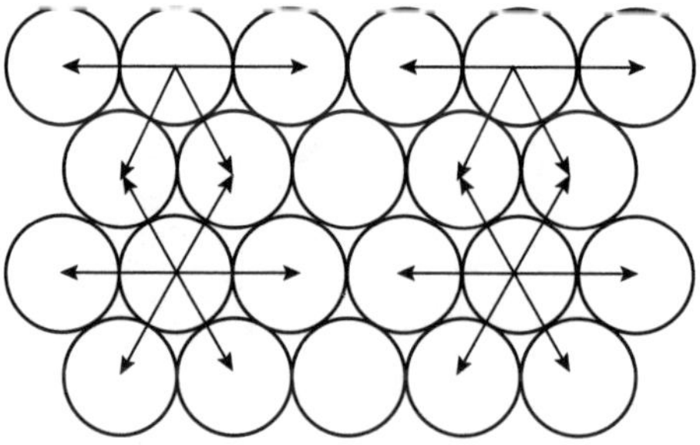

图 2－19－1　分子间作用力示意图

液体的表面张力与温度有关，温度愈高，表面张力愈小。到达临界温度时，液体与气体不分，表面张力趋近于零。液体的表面张力也与液体的纯度有关，在纯净的液体（溶剂）中如果掺进杂质（溶质），表面张力就要发生变化，其变化的大小决定于溶质的本性和加入量的多少。

当加入溶质后，溶剂的表面张力要发生变化。把溶质在表面层中与本体溶液中浓度不同的现象称为溶液的表面吸附。使表面张力降低的物质称为表面活性物质。用吉布斯公式（Gibbs）表示为：

$$\Gamma = -\frac{c}{RT} \cdot \frac{\mathrm{d}\sigma}{\mathrm{d}c}$$

式中：Γ 为表面吸附量，$\mathrm{mol/m^2}$；σ 为表面张力，N/m。$\frac{\mathrm{d}\sigma}{\mathrm{d}c}$ 表示在一定温度下表面张力随浓度的改变率。

由此，测定溶液的浓度和表面张力，就可以求得不同浓度下溶液的表面吸附量。

如图 2－19－2 所示，待测液体置于支管试管中，使毛细管端面与液面相切，液面随毛细管上升。打开滴液漏斗缓慢抽气，此时，由于毛细管液面所受压力大于支管试管液面所受压力，毛细管液面不断下降，将从毛细管缓慢析出气泡（见图 2－19－3）。在气泡形成的过程中，由于表面张力的作用，凹液面产生一个指向液面外的附加压力 ΔP，因此有以下关系：

$$P_{大气} = P_{系统} + \Delta P$$

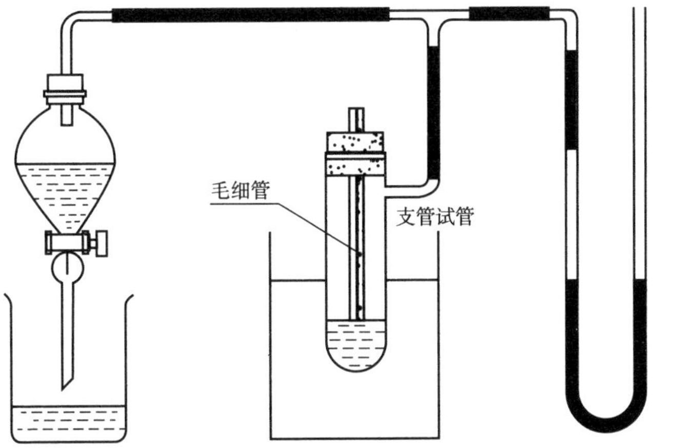

图 2－19－2 最大气泡法测定表面张力的装置示意图

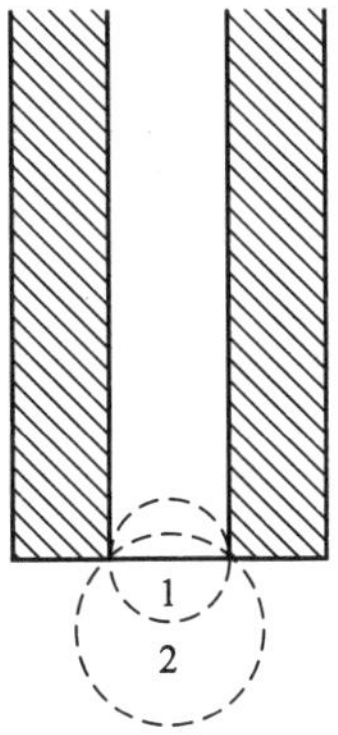

图 2－19－3 气泡形成过程

附加压力与表面张力成正比，与气泡的曲率半径 R 成反比。

若毛细管管径较小，则形成的气泡可视为球形。气泡刚形成时，由于表面几乎是平的，所以曲率半径 R 极大；当气泡形成半球形时，曲率半径 R 等于毛细管半径 r，此时 R 值最小。随着气泡的进一步增大，R 又趋增大，直至逸出液面。

$$\Delta P = \frac{2\sigma}{R}$$

当 $R = r$ 时，附加压力最大：

$$\Delta P_{\max} = \frac{2\sigma}{r}$$

$$\sigma = \frac{1}{2} r \Delta P_{\max}$$

在实验中，使用同一支毛细管和压差计，$\frac{1}{2}r$ 为常数（仪器常数），用 K 表示，即

$$\sigma = K\Delta P_{\max}。$$

用已知表面张力的液体（如水）作为标准，可以测得仪器常数 K，故可以测定其他未知液体的表面张力。

吸附量与浓度之间的关系可以用 Langmuir 等温吸附方程式表示：

$$\Gamma = \Gamma_{\infty} \frac{kc}{1 + kc}$$

式中：Γ_{∞} 为饱和吸附量；k 为经验常数。将上式整理得：

$$\frac{c}{\Gamma} = \frac{1}{\Gamma_{\infty}} c + \frac{1}{k\Gamma_{\infty}}$$

以 c/Γ 对 c 作图可得到一条直线，由其斜率 m 算出 Γ_{∞}：$\Gamma_{\infty} = \frac{1}{m}$。

如果以 N 代表 1 平方米表面层的分子数，则

$$N = \Gamma_{\infty} N_A$$

式中 N_A 为 Avogadro 常数（$N_A = 6.02 \times 10^{23}$ /mol）。则每个分子的截面积 A_{∞} 为：

$$A_{\infty} = \frac{1}{\Gamma_{\infty} N_A}$$

三、实验仪器与试剂

（1）实验仪器　DMPY－3C 表面张力测定实验装置 1 台（见图 2－19－4），阿贝折射仪，T 形管 1 个，试管 1 支。

（2）实验试剂　重蒸馏水，无水乙醇（AR）。

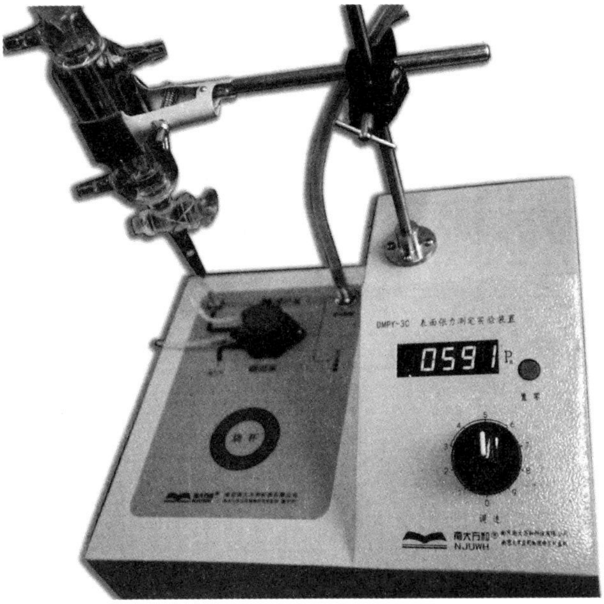

图 2-19-4　DMPY-3C 表面张力测定实验装置

四、实验操作步骤

（1）设置超级恒温器的温度为 26℃或 30℃，打开循环水。

（2）测仪器常数：用蒸馏水荡洗表面张力管，注入适量蒸馏水，插入毛细管，使其下口刚好与水面相切。打开仪器，按压力“置零”，调速到 5 挡，增加压力，使压力调整至毛细管底端冒气泡速率为 3～5 秒/个左右，记录三个最大值 ΔP_{max}，求平均值，将数据记下。

（3）测定乙醇水溶液的 ΔP_{max} 和折光率（测量顺序从低浓度到高浓度）。从表面张力管下端放出蒸馏水，再分别注入适量的各浓度的乙醇溶液，按上述要求插入毛细管，充分振荡数次，用洗耳球将溶液抽吸几次，使溶液均匀。同步骤（2）测出 ΔP_{max}。之后用干净滴管取出溶液测定各乙醇液的折射率。

（4）实验完后，将实验台上的东西摆放整齐，清洁干净。

五、实验数据记录与处理

不同浓度的乙醇溶液的折射率（n）-组成（c）标准工作曲线数据：

（1）温度 $t=26$℃的数据。

c	6.36	14.79	19.42	25.47	30.66	42.48	56.56	64.24	81.87
n_D^{26}	1.3363	1.3420	1.3454	1.3490	1.3537	1.3561	1.3600	1.3618	1.3620

（2）温度 $t=30℃$ 的数据。

c	6.53	14.79	19.74	25.23	30.55	42.15	56.16	64.44	80.80
n_D^{30}	1.3352	1.3409	1.3434	1.3475	1.3505	1.3554	1.3584	1.3600	1.3607

1. 数据记录

室温：实验开始读数 ____________ 大气压强：实验开始读数 ____________

实验结束读数 ____________ 实验结束读数 ____________

平均值 ____________ 平均值 ____________

溶液		ΔP_{max}/kPa	n_D^t	c	$\sigma/(10^{-3}$ N/m)
H_2O					
乙醇溶液	5%				
	10%				
	20%				
	⋮				
	80%				

2. 数据处理

由于需要在实验数据绘制的曲线图上作切线，求斜率，手工作图将会有很大的随意性并带来误差，因此应该用计算机处理数据。

以下是手工处理数据的步骤（见图 2-19-5）：

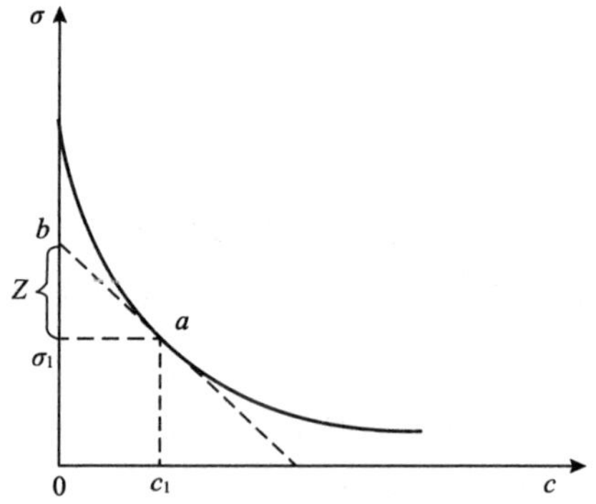

图 2-19-5 切线法

（1）计算仪器常数并计算溶液的表面张力。

（2）以浓度 c 为横坐标，以 σ 为纵坐标作图，横坐标从 0 开始，连成光滑曲线。

（3）在曲线上取若干（0.03，0.05，0.10，0.15，0.20，0.30，0.40，0.60）点，求其斜率 m，$m=\frac{d\sigma}{dc}$，若知道曲线方程，也可求导得到。

结果正确的关键在于曲线光滑和切线的确定。

（4）根据吉布斯方程 $\Gamma = -\frac{c}{RT}(\frac{d\sigma}{dc})$ 求吸附量。

（5）列出五个不同浓度 c 对应的 $(\frac{d\sigma}{dc})r$、Γ、c/Γ 数据表。

c	$(\frac{d\sigma}{dc})r$	Γ	$\frac{c}{\Gamma}$

（6）以 $\frac{c}{\Gamma}$ 对 c 作图，从直线的斜率 m 算出 Γ_∞，$\Gamma_\infty = \frac{1}{m}$，最后计算出乙醇分子的截面积 A_∞。

七、实验注意事项

（1）测定时毛细管及支管试管应洗涤干净，否则气泡不能连续形成，而影响最大压差 ΔP_{max} 的测量。

（2）测定时毛细管端刚好与溶液面相切。

（3）U 形压力计应选用酒精或水压计。

（4）控制好滴液漏斗的放液速度，以利于读数的准确性。

八、思考题

（1）表面张力测定为什么要用恒温槽？温度变化对表面张力有何影响？

（2）实验如用 U 形管压差计，工作液应选什么为宜？

（3）用最大气泡法测量表面张力时为什么要读最大压差？

（4）滴液漏斗的放液速度对本实验有何影响？

实验 20　黏度法测定高聚物相对分子质量

一、实验目的

（1）了解乌氏黏度计的构造特点及测量原理。

（2）掌握用乌氏黏度计测定聚乙烯醇溶液黏度的方法。

（3）用图解法求出特性黏度$[\eta]$，进而计算聚乙烯醇的黏均相对分子质量。

二、实验原理

高聚物在稀溶液中的黏度是它在流动过程所存在的内摩擦的反映，这种流动过程中的内摩擦主要有：溶剂分子之间的内摩擦；高聚物分子与溶剂分子之间的内摩擦；高聚物分子间的内摩擦。在用黏度法测定高聚合物的相对分子质量时，常用到以下一些名词：

η：高聚物溶液的黏度。

η_0：纯溶剂的黏度。

η_{sp}：增比黏度。反映扣除了溶剂分子间的内摩擦以后仅仅是纯溶剂与高聚物分子间以及高聚物分子之间的内摩擦，其大小直接受高聚物溶液的浓度变化的影响。

η_r：相对黏度。反映整个溶液黏度的行为。

η_{sp}/c：比浓黏度。

$\ln\eta_r/c$：比浓对数黏度。

$[\eta]$：高聚物溶液的特性黏度。反映了高聚物分子与溶剂分子之间的内摩擦作用。

特性黏度$[\eta]$与相对分子质量M_r之间的经验关系式（半经验的麦克非线性方程）为：

$$[\eta] = K \times M_r^{\alpha} \tag{2-20-1}$$

式中：25℃时，$K = 2.0 \times 10^{-4}, \alpha = 0.76$；30℃时，$K = 6.66 \times 10^{-4}, \alpha = 0.64$。

因此，求出特性黏度$[\eta]$后，就可通过上式计算得到相对分子质量M_r。

$[\eta]$的数值可通过实验求得。因为根据实验，在足够稀的溶液中有：

$$\frac{\eta_{sp}}{c} = [\eta] + K'[\eta]^2 c$$

$$\frac{\ln\eta_r}{c} = [\eta] + \beta[\eta]^2 c$$

这样以η_{sp}/c及$\ln\eta_r/c$对c作图得两根直线，外推到$c\to 0$，这两根直线在纵坐标轴上相交于同一点（见图 2-20-1），可以求出$[\eta]$数值。作图时采用相对浓度$c' = c/c_1$，c表示溶液的真实浓度，c_1表示溶液的起始浓度。由图 2-20-1 可知：

$$[\eta]=A/c_1 \tag{2-20-2}$$

式中：A 为截距。

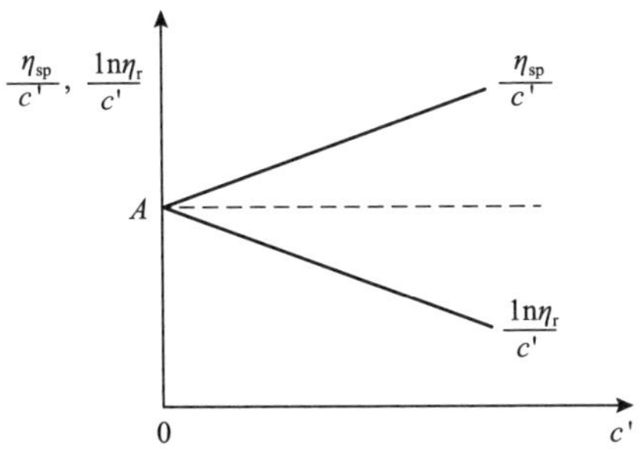

图 2-20-1　外推法求$[\eta]$

η_{sp}可通过以下公式计算：

$$\eta_{sp}=\frac{\eta-\eta_0}{\eta_0}=\frac{\eta}{\eta_0}-1=\eta_r-1 \tag{2-20-3}$$

η 可通过 Poiseuille 公式计算：

$$\eta=\frac{\pi r^4 thg\rho}{8lV}$$

式中：h 为流经毛细管液体的平均液柱高度；r 为毛细管半径；l 为毛细管长度；V 为流经毛细管液体的体积。对同一黏度计，h、r、l、V 是常数，则：$\eta=K'\rho t$。

由于测定是在高聚物的稀溶液下进行，溶液的密度与纯溶剂的密度可视为相等，则

$$\eta_r=\frac{\eta}{\eta_0}=\frac{K'\rho t}{K'\rho_0 t_0}\approx\frac{t}{t_0} \tag{2-20-4}$$

式中：t 为溶液的流出时间；t_0为纯溶剂流出的时间。

所以，通过溶液和溶剂在毛细管中的流出时间，由式（2-20-4）求得 η_r，再由式（2-20-3）求得 η_{sp}，再由图 2-20-1 求得$[\eta]$，最后由式（2-20-1）求得高聚物相对分子质量。

由此可见，由黏度法测高聚物相对分子质量，实验的成败和准确度取决于测量液体所流经时间的准确度、配制溶液浓度的准确度和恒温槽的恒温程度、安装黏度计的垂直位置的程度以及外界的振动等因素。

当两直线不相交于一点时，即出现异常现象时，以 $\eta_{sp}/c-c$ 曲线求$[\eta]$值。

三、实验仪器与试剂

（1）实验仪器　乌氏黏度计（见图 2-20-2），HK-1D 型恒温水槽（见图 2-20-3），停表。

（2）实验试剂　0.500g/100mL 聚乙烯醇。

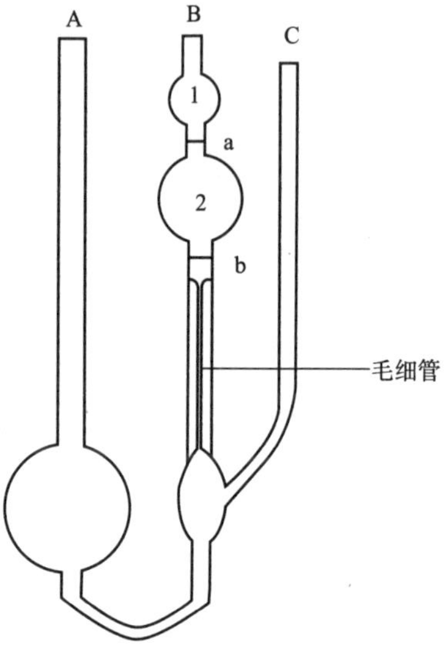

图 2－20－2　乌氏黏度计结构

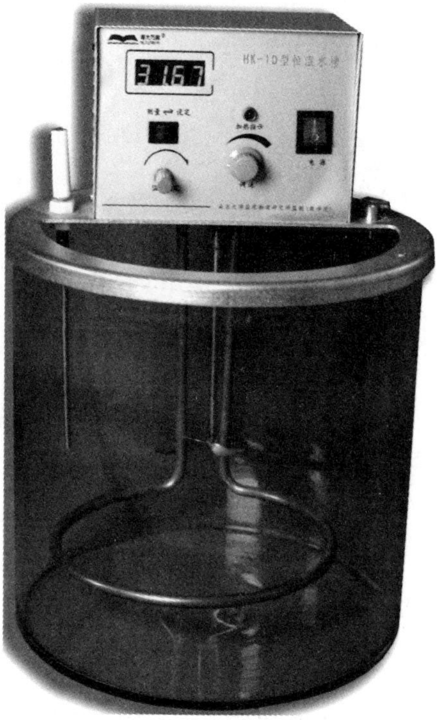

图 2－20－3　HK－1D 型恒温水槽

四、实验操作步骤

（1）调节恒温槽温度在（25.0 ±0.1）℃内，将清洁干燥的乌氏黏度计垂直放置在恒温槽中，使水浴浸没两球。

（2）测定溶液的流出时间 t：取 10mL 配制好的聚乙烯醇溶液及 10mL 蒸馏水从 A 管加入黏度计中（此时浓度 $c'=1/2$），用吸耳球将溶液反复抽吸至球 1 内几次，使溶液混合均匀。待恒温 5min 后，利用吸耳球由 B 处将溶液吸至 1 球（先封闭 C 管），同时松开 B、C 管，球 1 内液体在重力作用下流经毛细管，记录液面通过 a 和 b 标线时所用时间 t_1，重复三次，任意二次时间差小于 0.3s，取平均值。然后再依次加入 10mL 蒸馏水，稀释成浓度 $c'=1/3$、1/4、1/5 的溶液，分别测出时间 t_2、t_3、t_4。

（3）测定纯水的流出时间 t_0：移取 10mL 蒸馏水由 A 管注入黏度计中，重复步骤（2）测定纯水的流出时间 t_0。

（4）实验完后，用温水和乙醇抽洗黏度计多次，防止毛细管堵塞。

五、实验注意事项

（1）黏度计必须洁净，若有灰尘等会影响流速。

(2) 测定时黏度计必须垂直。

(3) 在黏度计中稀释溶液，要做到混合均匀。

(4) 要防止把溶液吸入吸耳球中，影响溶液浓度。

(5) 黏度计是比较贵的玻璃仪器，实验过程中要特别注意，以免损坏。

六、实验数据记录与处理

1. 数据记录

室温：实验开始读数 ______　　大气压强：实验开始读数 ______

实验结束读数 ______　　实验结束读数 ______

平均值 ______　　平均值 ______

		流出时间/s				η_r	η_{sp}	$\frac{\eta_{sp}}{c'}$	$\ln\eta_r$	$\frac{\ln\eta_r}{c'}$
		测量值			平均值					
		1	2	3						
溶剂					$t_0=$					
溶液	$c'=1/2$				$t_1=$					
	$c'=1/3$				$t_2=$					
	$c'=1/4$				$t_3=$					
	$c'=1/5$				$t_4=$					

2. 数据处理

(1) 作 $\eta_{sp}/c'-c'$图和 $\ln\eta_r/c'-c'$图，并外推至 $c'=0$，从截距求出$[\eta]$值。

(2) 由$[\eta]=K\times M_r^{\alpha}$公式求出聚乙烯醇的相对分子质量 M_r。

七、思考题

(1) 作图时若两条直线不能相交，在求特性黏度时应该以哪条直线为准？

(2) 做好本实验的关键有哪些？

实验 21　$Fe(OH)_3$胶体电动电位的测定

——电泳法

一、实验目的

（1）掌握制备 $Fe(OH)_3$溶胶及纯化的方法。

（2）通过实验深入观察溶胶的电泳现象。

（3）掌握测定 $Fe(OH)_3$溶胶的电泳速度的操作技术。

二、实验原理

几乎所有的胶体体系的颗粒都带电荷。在电场中，这些荷电的胶粒与分散介质间会发生相对运动，若分散介质不动，胶粒向阳极或阴极（视胶粒荷负电或正电而定）移动，称为电泳。

胶粒荷电的来源可能是本身电离、吸附离子或与分散介质（非水介质）摩擦生电。荷电的胶粒与分散介质间的电势差，称为 ζ 电势。显然，胶粒在电场中的移动速度，与 ζ 电势的大小有关，所以 ζ 电势也称为电动电势。溶胶的聚集不稳定性和它们的 ζ 电势大小有关，所以无论制备胶体或破坏胶体，通常都需要先了解有关胶体的 ζ 电势。

原则上，任何一种胶体的电动现象，都可以利用来测定 ζ 电势，但最方便的方法则是通过电泳现象来测定。

电泳法分为两类，即宏观法和微观法。宏观法是观测胶体溶液与另一不含胶粒的无色导电溶液的界面在电场中的移动速度。微观法则是直接观察单个胶粒在电场中的泳动速度。对高度分散的溶胶或过浓的溶胶，不易观察个别粒子的运动，只能用宏观法；对于颜色太淡或浓度过稀的溶胶，则适宜用微观法。本实验采用宏观法。

在本实验方法中，电泳速度 u 可通过观察 t 秒钟内电泳测定管中胶体溶液界面在电场作用下移动的距离来计算。胶粒的电泳速度为：

$$u = (S/t)/(V/l)$$

胶粒的 ζ 电势为：

$$\zeta = (300)^2 \frac{40\pi\eta Sl}{VtD} \quad (\mathrm{V})$$

式中：η 为水的黏度（泊）；S 为表面移动距离；l 为两电极间的距离；V 为电泳仪输出电压；t 为电泳时间；D 为水的介电常数。

三、实验仪器与试剂

（1）实验仪器　HJDK－1 电泳实验装置 1 台（见图 2－21－1），U 形电泳管 1 支（见图 2－21－1），石墨电极 1 对或铂电极 1 对。

（2）实验试剂　$Fe(OH)_3$溶胶，KCl 溶液。

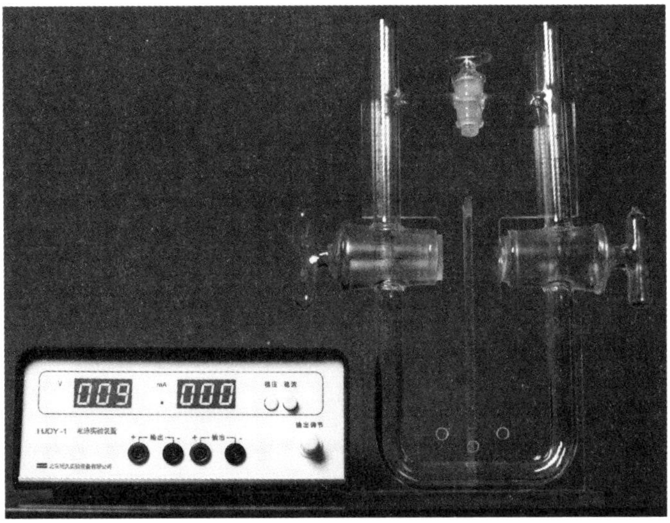

图 2－21－1　HJDK－1 电泳仪及 U 形电泳管

四、实验操作步骤

先用蒸馏水将电泳管洗净，然后用少量渗析好的 $Fe(OH)_3$溶胶荡洗 2 次，再装入 $Fe(OH)_3$胶体于两个大活塞上一点，关闭两个大活塞，将大活塞以上的胶体倒掉，用蒸馏水荡洗电泳管的上部，再用少量 KCl 溶液［与 $Fe(OH)_3$胶体电导率相同］荡洗几次后，装入此 KCl 溶液于两个支管高度一半处。把电泳管固定于铁架台上（电泳管刻度一边朝外），慢慢、轻轻地把大活塞打开，以保持 $Fe(OH)_3$胶体与 KCl 溶液界面清晰。关闭上面的小活塞，把石墨电极插入两个小支管中，打开电源，调电泳仪输出电压在 150V 左右（调速要快），测胶体移动一定距离（如 1cm）所用时间 t，记下电压 V。测两次同电压下，胶体移动 1cm 所用时间 t。观察胶体向哪一电极移动，说明 $Fe(OH)_3$胶体的带电性。

五、实验数据记录与处理

1. 数据记录

室温：实验开始读数 ____________　　大气压强：实验开始读数 ____________

实验结束读数 ____________　　实验结束读数 ____________

平均值____________　　平均值 ____________

次数	电压 V/V	界面移动距离 S/cm	电泳时间 t/s	两电极间的距离/cm
1		1cm		
2		1cm		

2. 数据处理

（1）计算 $Fe(OH)_3$胶粒的电泳速度。

（2）计算 $Fe(OH)_3$胶粒的 ζ 电势。

根据公式：$\zeta = (300)^2 \dfrac{40\pi\eta Sl}{VtD}$，计算得到 ζ 电势。

在 0 ~ 45℃时，水的介电常数 D 可用下式计算：

$$\ln D_t = 4.474266 - 4.54426 \times 10^{-3} t \quad (t\text{ 为水温})$$

（3）根据胶体移动的方向说明胶粒带何种电荷。

六、思考题

（1）电泳中的辅助液的选择条件是什么？

（2）胶体若未纯化，会导致什么后果？

结构化学

实验22　摩尔折射度的测定

一、实验目的

（1）了解阿贝折光仪的构造和工作原理，正确掌握其使用方法。

（2）测定某些化合物的折光率和密度，求算化合物、基团和原子的摩尔折射度，判断各化合物的分子结构。

二、实验原理

摩尔折射度（R）是由于在光的照射下分子中电子（主要是价电子）云相对于分子骨架的相对运动的结果。R 可作为分子中电子极化率的量度，其定义为：

$$R = \frac{n^2 - 1}{n^2 + 2} \times \frac{M}{\rho} \tag{2-22-1}$$

式中：n 为折光率；M 为摩尔质量；ρ 为密度。

摩尔折射度与波长有关，若以钠光 D 线为光源（属于高频电场，$\lambda = 5893\text{Å}$），所测得的折光率以 n_D 表示，相应的摩尔折射度以 R_D 表示。根据马克斯韦尔的电磁波理论，物质的介电常数 ε 和折光率 n 之间有以下关系：

$$\varepsilon(v) = n^2(v) \tag{2-22-2}$$

ε 和 n 均与波长 v 有关。将式（2－22－2）代入式（2－22－1）得：

$$R = \frac{\varepsilon - 1}{\varepsilon + 2} \times \frac{M}{\rho} \tag{2-22-3}$$

ε 通常是在静电场或低频电场（λ 趋于∞）中测定的，因此折光率也应该用外推法求波长趋于∞时的 n_∞，其结果才更准确，这时摩尔折射度以 R_∞ 表示。R_D 和 R_∞ 一般较接近，相差约百分之几，只对少数物质是例外，例如水的 $n_D^2 = 1.75$，而 $\varepsilon = 81$。

摩尔折射度有体积的因次，通常以 cm^3 表示。实验结果表明，摩尔折射度具有加和性，即摩尔折射度等于分子中各原子折射度及形成化学键时折射度的增量之和。离子化合物其克式量折射度等于其离子折射度之和。利用物质摩尔折射度的加和性质，就可根据物质的化学方式算出其各种同分异构体的摩尔折射度并与实验测定结果作比较，从而探讨原子间的键型及分子结构。表 2－22－1 列出常见原子的折射度和形成化学键时折射度的增量。

表 2-22-1　原子折射度及形成化学键时折射度的增量

原子	R_D	原子	R_D
H	1.028	S（硫化物）	7.921
C	2.591	CN（腈）	5.459
O（酯类）	1.764	键的增量	
O（缩醛类）	1.607	单键	0
OH（醇）	2.546	双键	1.575
Cl	5.844	叁键	1.977
Br	8.741	三元环	0.614
I	13.954	四元环	0.317
N（脂肪族的）	2.744	五元环	-0.19
N（芳香族的）	4.243	六元环	-0.15

三、实验仪器与试剂

（1）实验仪器　阿贝折射仪 1 台。

（2）实验试剂　四氯化碳（AR），乙醇（AR），乙酸甲酯（AR），乙酸乙酯（AR），二氯乙烷（AR）。

四、实验操作步骤

（1）折射率的测定：用阿贝折射仪测定上述物质的折射率。

（2）用密度管法测定上述物质的密度。

五、实验注意事项

（1）阿贝折射仪使用注意事项。

（2）密度管法测定液体密度注意事项。

六、实验数据处理

（1）求算所测各化合物的密度，并结合所测各化合物的折射率数据由式（2-22-1）求出其摩尔折射度。

（2）根据有关化合物的摩尔折射度，求出 CH_2、Cl、C、H 等基团或原子的摩尔折射度。

七、思考题

（1）按表 2－22－1 的数据，计算上述各化合物的摩尔折射度的理论值，并与实验结果表明作比较。

（2）讨论摩尔折射度实验值的误差来源，估算其相对误差。

八、讨论

（1）对于共价键化合物，摩尔折射度的加和性还可表现为分子的摩尔折射度等于分子中各化学键摩尔折射度之和。表 2－22－2 列出了一些由实验总结出来的摩尔键折射度数据。

表 2－22－2 共价键的摩尔键折射度

键	R_D	键	R_D	键	R_D
C－C	1.296	C－Cl	6.51	C≡N	4.82
C－C（环丙烷）	1.50	C－Br	9.39	O－H（醇）	1.66
C－C（环丁烷）	1.38	C－I	14.61	O－H（酸）	1.80
C－C（环戊烷）	1.26	C－O（醚）	1.54	S－H	4.80
C－C（环已烷）	1.27	C－O（缩醛）	1.46	S－S	8.11
C……C（苯环）	2.69	C＝O	3.32	S－O	4.94
C＝C	4.17	C＝O（甲基酮）	3.49	N－H	1.76
C≡C（末端）	5.87	C－S	4.61	N－O	2.43
$C_{芳香}－C_{芳香}$	2.69	C＝S	11.91	N＝O	4.00
C－H	1.676	C－N	1.57	N－N	1.99
C－F	1.45	C＝N	3.75	N＝N	4.12

对于同一化合物，由表 2－22－1 的数据和由表 2－22－2 的数据求得的摩尔折射度有略微差异。

对于某些化合物，由表中数据求得的结果与实验测定结果相差较大，可能是因为表中数据只考虑到相邻原子间的相互作用而忽略了不相邻原子间的相互作用，或忽略了分子中各化学键间的相互作用。如作相应的修正，二者结果将趋于一致。

（2）折射法的优点是快速，精确度高，样品用量少且设备简单。摩尔折射度在化学上除了可鉴别化合物，确定化合物的结构外，还可分析混合物的成分，测量浓度、纯度，计算分子的大小，测定摩尔质量，研究氢键和推测配合物的结构。此外根据摩尔折射度与其他物理化学性质的关系可推求出这些性质的数据。

实验 23　磁化率的测定

一、实验目的

（1）利用古埃（Gouy）磁天平测定几种固体物质的磁化率，计算其摩尔磁化率，并估算离子的不成对电子数。

（2）掌握古埃磁天平法测定磁化率的原理和方法。

二、实验原理

将物质置于磁场中会被磁化，I 为物质的磁化强度，它与外磁场 H 的关系是：$I = kH$。其中，k 称为物质的体积磁化率，表示单位体积内磁场强度的变化，磁场强度的单位是奥斯特或高斯。化学上常用单位质量磁化率χ 或摩尔磁化率χ_m 来表示物质的磁化能力，它们的定义是：

$$\chi = k/\rho$$

$$\chi_m = \chi M = \frac{kM}{\rho}$$

式中：k 为物质的体积磁化率；M 为物质的摩尔质量；ρ 为物质的密度。

根据 k 的特点可把物质分成三类：①$k > 0$ 的物质物为顺磁性物质；②$k < 0$ 的物质称为反磁性物质；③另有少数物质，其 k 值与外磁场 H 有关，它随外磁场强度的增加而急剧增加，并且往往还有剩磁现象，这类物质称为铁磁性物质，如铁、钴、镍等。

凡是原子、分子中具有自旋未配对电子的物质都是顺磁性物质。因为电子自旋未配对的原子或分子均存在着固有磁矩，这些原子或分子的磁矩像小磁铁一样，在外磁场中总是趋于顺着外磁场的方向排列；但原子分子的热运动又使这些磁矩趋向混乱。在一定温度下，这两个因素达到平衡，使原子或分子的磁矩部分顺着磁场方向定向排列，因而使物质内部磁场增强，显示顺磁性。

凡是原子或分子中电子自旋已经配对的物质，一般是反磁性的物质。大部分的物质都是反磁性物质。物质反磁性的根源在于物质内部原子或分子中电子的轨道运动受外磁场作用，感应出“分子电流”，产生与外磁场方向相反的诱导磁矩。这个现象类似于线圈中插入磁铁会产生感应电流，并同时产生一个外磁场方向相反的磁场的现象。一般来说，原子分子中含电子数目较多，电子运动范围较大时，其反磁化率就越大。

实际上顺磁性物质的磁化率除了分子磁矩定向排列所产生的$\chi_{顺}$之外，还同时包含了感应所产生的反磁化率$\chi_{反}$，即

$$\chi_m = \chi_{顺} + \chi_{反}$$

由于$\chi_{顺}$比$\chi_{反}$大2～3个数量级，因此顺磁性物质的反磁性被掩盖而总体表现为顺磁性。在不是很精确的计算中，可以近似地把$\chi_{顺}$当成χ_m，即

$$\chi_m = \chi_{顺}$$

顺磁化率与分子磁矩的关系，一般服从居里定律：

$$\chi_{顺} = \frac{N_A \mu^2 \mu_0}{3kT}$$

式中：N_A为阿伏伽德罗常数；k为玻兹曼常数；μ_0为真空磁导率，通常为$4\pi \times 10^{-7}N/A^2$；μ为分子磁矩，J/T；T为热力学温度，K。

对于自由基或其他具有未成对电子的分子和某些第一系列过渡元素离子的磁矩μ与未成对电子数n的关系为：

$$\mu = \sqrt{n(n+2)}\mu_B$$

式中：μ_B（$1\mu_B = 9.274078 \times 10^{-24} J \cdot T^{-1}$）为玻尔磁子，是单个自由电子自旋所产生的磁矩。

磁化率的测定可以用共振法或天平法。本实验采用古埃天平法。其测量原理如图2－23－1所示。

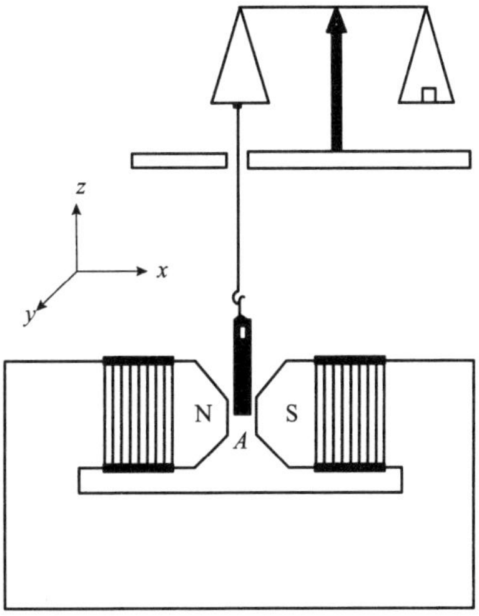

图2－23－1　古埃磁天平原理图

当一个截面为A的圆柱体置于一个非均匀的磁场中，物体的一个小体积元dV在磁场梯度dH/dz方向上受到一个作用力dF，则

$$dF = (k - k_0)H\frac{dH}{dz}dV = (k - k_0)HAdH \tag{2-23-1}$$

式中：$dV = Adz$；k为被测物质的磁化率；k_0为周围介质的磁化率（一般为空气）。沿垂直于磁场方向悬挂一个样品，下端放于磁铁的极缝中心，该处是磁场强度很大的均匀磁场，上端位于磁场很弱的区域（$H \to 0$），则样品受力F为：

$$F = \int_{H_1}^{H_0}(k - k_0)AHdH = -\frac{1}{2}(k - k_0)A(H_1^2 - H_0^2) \tag{2-23-2}$$

式中：H_1是极缝中心处的磁场强度；H_0是样品顶端处的磁场强度。k_0一般可以忽略不计，则式（2－23－2）简化为：

$$F = -\frac{1}{2}kA(H_1^2 - H_0^2) \tag{2-23-3}$$

$A(H_1^2 - H_0^2)$用标准样品来标定。用标准样标定时，具体计算中并不需要求算$A(H_1^2 - H_0^2)$。

式（2－23－3）中的F可以通过样品在有磁场和无磁场的两次称量来求出：

$$F = (\Delta m_{样} - \Delta m_{空})g \tag{2-23-4}$$

式中：$\Delta m_{空}$ 为空样品管在有磁场和无磁场时的称量值的变化；$\Delta m_{样}$ 为装样品后在有磁场和无磁场时的称量值的变化；g 为重力加速度（9.18m/s^2）。

则

$$k_{样} = k_{标}\frac{F_{样}}{F_{标}} = k_{标}\frac{\Delta m_{样} - \Delta m_{空}}{\Delta m_{标} - \Delta m_{空}} \qquad (2-23-5)$$

式中：$\Delta m_{标}$为样品管加标准样品在有磁场和无磁场时的称量值的变化。待测样品的摩尔磁化率$\chi_{m样}$ 为：

$$\begin{aligned}\chi_{m样} &= \frac{k_{样}}{\rho_{样}}M_{样} = k_{样}\frac{V}{m_{样}}M_{样} = k_{标}\frac{\Delta m_{样} - \Delta m_{空}}{\Delta m_{标} - \Delta m_{空}}\frac{V}{m_{样}}M_{样} \\ &= \chi_{标}m_{标}\frac{\Delta m_{样} - \Delta m_{空}}{\Delta m_{标} - \Delta m_{空}} \times \frac{M_{样}}{m_{样}}\end{aligned} \qquad (2-23-6)$$

式中：$M_{样}$ 为待测样品的摩尔质量；$m_{样}$为待测样品在无磁场下的质量；$m_{标}$为标准样品在无磁场下的质量；V是它们的体积；$\chi_{标}$是标准物的质量磁化率。本实验采用莫尔盐为标样来标定 $A(H_1^2 - H_0^2)$。

三、实验仪器与试剂

（1）实验仪器　MB－1A 型（电）磁天平（配电子天平），MT－1 型永磁天平（配电子天平）（见图 2－23－2），研钵，样品管，漏斗，牛角匙。

图 2－23－2　MT－1 型永磁天平（配电子天平）

（2）实验试剂 莫尔盐（AR），$FeSO_4\cdot 7H_2O$（AR），$CuSO_4\cdot 5H_2O$（AR），$K_4Fe(CN)_6$（AR）。

四、实验操作步骤

（1）选择一定磁场强度进行测试：选好磁极间距后，在整个实验过程中要保持一致，不得随意变动。称量时，样品管应正好处于两磁极之间，其底部与磁极中心线齐平。

（2）磁场强度的标定：

①取一洁净干燥的样品管，称取在无磁场下的质量（$W_{空}$）和在磁场中的质量（$W'_{空}$）。

②取出样品管，装入莫尔盐，并在桌上轻轻敲，使样品均匀填实，使样品长度为10cm，用直尺量。在无磁场时称其质量（$W_{空+样}$），然后将其放入磁场，过10min后，称在磁场中的质量（$W'_{空+样}$）。测定完毕，将样品倒入回收瓶重复使用，将样品管洗净，烘干及冷却至室温。

（3）测定 $FeSO_4\cdot 7H_2O$（AR）和 $K_4Fe(CN)_6\cdot 3H_2O$（AR）的磁化率。用标定过磁场强度时用过的同一支样品管，在同一位置上，用同样的方法，分别测定各样品在有磁场和无磁场时的质量。

五、实验注意事项（针对所用的永磁天平）

（1）装在磁极架上的两个合金磁体，切勿任意移动，尤其不能取下。

（2）由于离磁极中心10cm处磁场强度趋近于零，故在无磁场下称量时，可使样品管底部位于此处即可。

（3）实验时注意不可让手表靠近磁场，最好不要戴表操作。

（4）整个实验过程中，只能用同一支样品管。

（5）每次装样的长度要一样（10cm），且使样品均匀填实。

六、实验数据记录与处理

1. 数据记录

室温：实验开始读数 ______________ 大气压强：实验开始读数 ______________

实验结束读数 ______________ 实验结束读数 ______________

平均值______________ 平均值 ______________

样品高度 $L=10\text{cm}$

		$W_{无}$/g				$W'_{有}$/g			
		W_1	W_2	W_3	$W_{平}$	W'_1	W'_2	W'_3	$W'_{平}$
莫尔盐	空样品管								
	空管+样品								
硫酸亚铁	空样品管								
	空管+样品								
亚铁氰化钾	空样品管								
	空管+样品								

2. 数据处理

（1）由上表数据分别计算样品管及样品在无磁场时的质量（m）和在有磁场时的质量变化（Δm）。

（2）由$\chi_{莫}=\frac{9500\times10^{-9}}{T+1}\times4\pi=95\mu_0/(T+1)=1.1938\times10^{-5}/(T+1)$ 计算莫尔盐的摩尔磁化率（m^3/kg），T 为热力学温度（K）。

（3）由式（2－23－6）求各样品在不同条件下的摩尔磁化率χ_m。

（4）求各样品在不同条件下的分子磁矩μ。

（5）估算各样品在不同条件下的不成对电子数 n，并与文献值比较。

（6）得出测量物质磁化率的理想条件。

七、思考题

（1）样品的装填高度及其在磁场中的位置有何要求？如果样品管的底部不在极缝中心，对测量结果有何影响？装填高度不一致对实验有何影响？不同装填高度对实验有何影响？

（2）装样不平行引入的误差有多大？影响本实验结果的主要因素有哪些？

实验 24　偶极矩的测定

一、实验目的

(1) 用电桥法测定极性物质（乙酸乙酯）在非极性溶剂（环己烷）中的介电常数和分子偶极矩。

(2) 了解溶液法测定偶极矩的原理、方法和计算，并了解偶极矩与分子电性质的关系。

二、实验原理

1. 偶极矩与极化度

分子呈电中性，但由于空间构型的不同，正、负电荷中心可重合也可不重合，前者称为非极性分子，后者称为极性分子，分子极性大小常用偶极矩 μ 来度量，其定义为：

$$\vec{\mu} = qd \tag{2-24-1}$$

式中：q 为正、负电荷中心所带的电荷量；d 为正、负电荷中心间距离。$\vec{\mu}$ 为向量，其方向规定为从正到负。因为分子中原子间距离的数量级为 10^{-10}m，电荷数量级为 10^{-20}C，所以偶极矩的数量级为 10^{-30}C · m。

极性分子具有永久偶极矩，在没有外电场存在时，由于分子热运动，偶极矩指向各方向机会均等，故其偶极矩统计值为零。

若将极性分子置于均匀的外电场中，分子会沿电场方向作定向转动，同时分子中的电子云对分子骨架发生相对移动，分子骨架也会变形，这叫分子极化，极化的程度可由摩尔极化度（p）来衡量。因转向而极化称为摩尔转向极化度（$p_{转向}$）。由变形所致的为摩尔变形极化度（$p_{变形}$）。而 $p_{变形}$ 又是电子极化（$p_{电子}$）和原子极化（$p_{原子}$）之和。显然：

$$p = p_{转向} + p_{变形} = p_{转向} + (p_{电子} + p_{原子}) \tag{2-24-2}$$

已知 $p_{转向}$ 与永久偶极矩 μ 的平方成正比，与绝对温度 T 成反比。即

$$p_{转向} = \frac{4}{9}\pi N_A \frac{\mu^2}{kT} \tag{2-24-3}$$

式中：k 为玻尔兹曼常数；N_A 为阿伏伽德罗常数。

对于非极性分子，因 $\mu = 0$，其 $p_{转向} = 0$，所以 $p = p_{电子} + p_{原子}$。

外电场若是交变电场，则极性分子的极化与交变电场的频率有关。在频率小于 10^{10}s^{-1} 的低频电场下，极性分子产生的摩尔极化度为转向极化度与变形极化度之和。若在电场频率为 $10^{12} \sim 10^{14}\ \text{s}^{-1}$ 的中频电场下（红外光区），因为电场交变周期小于偶极矩的松弛时间，极性分子的转向运动跟不上电场变化，即极性分子无法沿电场方向定向，即 $p_{转向} = 0$，此

时分子的摩尔极化度 $p = p_{变形} = p_{电子} + p_{原子}$。当交变电场的频率大于 $10^{15}\ s^{-1}$（即可见光和紫外光区），极性分子的转向运动和分子骨架变形都跟不上电场的变化，此时 $p = p_{电子}$，所以如果我们分别在低频和中频的电场下求出欲测分子的摩尔极化度，并把这两者相减，即为极性分子的摩尔转向极化度 $p_{转向}$，然后代入式（2－24－3），即可算出其永久偶极矩 μ。

因为 $p_{原子}$ 只占 $p_{变形}$ 中的 5%～15%，而实验时由于条件的限制，一般总是用高频电场来代替中频电场，所以通常近似地把高频电场下测得的摩尔极化度当作摩尔变形极化度。即

$$p = p_{电子} = p_{变形}$$

2. 极化度与偶极矩的测定

对于分子间相互作用很小的体系，Clausius－Mosotti－Debye 从电磁理论推得摩尔极化度 p 与介电常数 ε 之间的关系为：

$$p = \frac{\varepsilon - 1}{\varepsilon + 2} \cdot \frac{M}{\rho} \qquad (2-24-4)$$

式中：M 为摩尔质量；ρ 为密度。因式（2－24－4）是假定分子与分子间无相互作用而推导出的，所以它只适用于温度不太低的气相体系。然而，测定气相介电常数和密度在实验上困难较大，对于某些物质，气态根本无法获得，于是就提出了溶液法，即把欲测偶极矩的分子溶于非极性溶剂中进行测定。但在溶液中测定总要受溶质分子间、溶剂与溶质分子间以及溶剂分子间相互作用的影响。若以测定不同浓度溶液中溶质的摩尔极化度并外推至无限稀释，这时溶质所处的状态就和气相时相近，可消除溶质分子间的相互作用。于是在无限稀释时，溶质的摩尔极化度 p_2^{∞} 就可看作为（2－24－5）式中 p。

$$p = p_2^{\infty} = \lim_{x_2 \to 0} p_2 = \frac{3\alpha\varepsilon_1}{(\varepsilon_1 + 2)^2} \cdot \frac{M_1}{\rho_1} + \frac{\varepsilon_1 - 1}{\varepsilon_1 + 2} \cdot \frac{M_2 - \beta M_1}{\rho_1} \qquad (2-24-5)$$

式中：ε_1、M_1、ρ_1 分别为溶剂的介电常数、摩尔质量和密度；M_2 为溶质的摩尔质量；α、β 为两常数，它可由下面两个稀溶液的近似公式求出。

$$\varepsilon_{溶} = \varepsilon_1(1 + \alpha x_2) \qquad (2-24-6)$$

$$\rho_{溶} = \rho_1(1 + \beta x_2) \qquad (2-24-7)$$

式中：$\varepsilon_{溶}$、$\rho_{溶}$、x_2 分别为溶液的介电常数，密度和溶质的摩尔分数。因此，测定纯溶剂的 ε_1、ρ_1 以及不同浓度（x_2）溶液的 $\varepsilon_{溶}$、$\rho_{溶}$，代入式（2－24－5）就可求出溶质分子的总摩尔极化度。

根据光的电磁理论，在同一频率的高频电场作用下，透明物质的介电常数 ε 与折光率 n 的关系为：

$$\varepsilon = n^2 \qquad (2-24-8)$$

常用摩尔折射度 R_2 来表示高频区测得的极化度。此时 $p_{转向} = 0$，$p_{原子} = 0$，则

$$R_2 = p_{变形} = p_{电子} = \frac{n^2 - 1}{n^2 + 2} \cdot \frac{M}{\rho} \qquad (2-24-9)$$

同样测定不同浓度溶液的摩尔折射度 R，外推至无限稀释，就可求出该溶质的摩尔折射度公式。

$$R_2^{\infty} = \lim_{x_2 \to 0} R_2 = \frac{n_1^2 - 1}{n_1^2 + 2} \cdot \frac{M_2 - \beta M_1}{\rho_1} + \frac{6n_1^2 M_1 \gamma}{(n_1^2 + 2)^2 \rho_1} \quad (2-24-10)$$

式中：n_1为溶剂摩尔折射率；γ 为常数，它可由下式求出：

$$n_{溶} = n_1(1 + \gamma x_2) \quad (2-24-11)$$

式中：$n_{溶}$为溶液的摩尔折射率。

综上所述，可得：

$$p_{转向} = p_2^{\infty} - R_2^{\infty} = \frac{4}{9}\pi N \frac{\mu^2}{kT} \quad (2-24-12)$$

$$\mu = 0.0128\sqrt{(p_2^{\infty} - R_2^{\infty})T} \quad (D)$$
$$= 0.0426 \times 10^{-30}\sqrt{(p_2^{\infty} - R_2^{\infty})T} \quad (C \cdot m) \quad (2-24-13)$$

3. 介电常数的测定

介电常数是通过测定电容，计算而得到的。

按定义 $$\varepsilon_{1,2} = \frac{C}{C_0} \approx \frac{C}{C_{空}} = \frac{C'_{1,2} - C_d}{C'_{空} - C_d} \quad (2-24-14)$$

式中：C_0为电容器两极板间处于真空的电容量；C 为充以电介质时的电容量。由于小电容测量仪测定电容时，除电容池两极间的电容 C 外，整个测试系统中还有分布电容 C_d 的存在，所以实测的电容应为 C 和 C_d之和，即

$$C' = C + C_d \quad (2-24-15)$$

C 值随介质而异，但 C_d对同一台仪器而言是一个定值。故实验时，需先求出 C_d值，并在各次测量值中扣除，才能得到 C 值。求 C_d的方法是通过测定一已知介电常数的物质即环己烷（称为标准物质）来求得。即 $\varepsilon_{环己烷} = \dfrac{C'_{环己烷} - C_d}{C'_{空} - C_d}$，其中 $C'_{环己烷}$ 和 $C'_{空}$为实测值。则

$$C_d = \frac{(\varepsilon_{环己烷} C'_{空} - C'_{环己烷})}{\varepsilon_{环己烷} - 1} \quad (2-24-16)$$

三、实验仪器与试剂

（1）实验仪器　PCM－1A 型精密电容测量仪 1 台（见图 2－24－1），电子天平 1 台，阿贝折射仪 1 台，具塞磨口锥形瓶（25mL）5 只，洗耳球 1 个，移液管（1mL、2mL、5mL 刻度）各 2 支，滴管 6 根。

（2）实验试剂　环己烷（AR），乙酸乙酯（AR）。

图 2－24－1　PCM－1A 型精密电容测量仪

四、实验操作步骤

1. 配制溶液

配制不同摩尔分数 x_2 的乙酸乙酯溶液。为了配制方便，先计算出所需乙酸乙酯的毫升数，移液，然后称量配制。算出溶液的正确浓度，操作时注意防止溶液的挥发和吸收极性较大的水气。

序　号	①	②	③	④	⑤	⑥
乙酸乙酯的体积/mL	9.5	9.0	8.5	8.0	7.0	0.0
环己烷的体积/mL	0.5	1.0	1.5	2.0	3.0	10.0

2. 折光率的测定

用阿贝折射仪测定环己烷以及 5 个样品溶液的折射率。

3. 介电常数的测定

（1）测定 C_d。以环己烷为标准物质，其介电常数的温度关系式为：

$$\varepsilon_{环己烷} = 2.052 - 1.55 \times 10^{-3} t \qquad (2-24-17)$$

式中：t 为测定时的温度，℃。

用吸球将电容池样品室吹干，先不要将电容池与电容测定仪连线接上，开启电容测定仪工作电源，预热 10min，将调零旋钮置零，然后将电容池与电容测定仪连线接上，待数显稳定后记下，此即是 $C'_{空}$。用移液管量取 2mL 环己烷注入电容池样品室，至数显略为稳定后，记录下 $C'_{环己烷}$（注意样品不可多加，样品过多会腐蚀密封材料渗入恒温腔，实验无法正常进行）然后倾倒样品室内样品，再用吸球吹干，至数显的数字与 $C'_{空}$ 的值相差无几（<0.02pF），否则需再吹。

（2）按上述方法分别测定各浓度样品溶液的 $C'_{溶}$，每次测 $C'_{溶}$ 后均需复测 $C'_{空}$，以检验样品室是否还有残留样品。

五、实验注意事项

（1）乙酸乙酯易挥发，配制溶液时动作应迅速，以免影响浓度。

（2）本实验溶液中防止含有水分，所配制溶液的器具需干燥，溶液应透明不发生混浊。

（3）测定电容时，应防止溶液的挥发及吸收空气中极性较大的水气，影响测定值。

（4）电容池各部件的连接应注意绝缘。

六、实验数据记录与处理

1. 数据记录

室温：实验开始读数 ________　　大气压强：实验开始读数 ________

实验结束读数 ________　　实验结束读数 ________

平均值 ________　　平均值 ________

2. 数据处理

（1）根据称量质量结果计算溶液中乙酸乙酯的摩尔分数 x_2，$x_2=\dfrac{n_2}{n_1+n_2}=\dfrac{\frac{m_2}{M_2}}{\frac{m_1}{M_1}+\frac{m_2}{M_2}}$。

（2）将测定和计算结果列入下表：

样品名称	①	②	③	④	⑤	⑥
$m_{空瓶}$/g						
$m_{空瓶+乙酸乙酯}$/g						
$m_{空瓶+乙酸乙酯+环己烷}$/g						
$m_{溶液}$/g						
乙酸乙酯摩尔分数/x_2						
密度 $\rho_{溶}$ /(g/mL)						
折射率 $n_{溶}$						
溶液的电容 $C'_{溶}$/F						
介电常数 $\varepsilon_{溶}$						

（3）分别作 $\rho_{溶}-x_2$、$n_{溶}-x_2$、$\varepsilon_{溶}-x_2$ 图，求 α、β、γ 值。再根据式（2-24-5）和

式（2－24－10）计算出 p_2^∞ 和 R_2^∞ 。

（4）将 p_2^∞ 和 R_2^∞ 值代入式（2－24－13），计算出偶极矩 μ 值。

七、思考题

（1）准确测定溶质摩尔极化度和摩尔折射度时，为什么要外推至无限稀释？

（2）试分析实验中引起误差的因素，如何改进？

八、讨论

（1）从偶极矩的数据可以了解分子的对称性，判别其几何异构体和分子的主体结构等问题。偶极矩一般是通过测定介电常数、密度、折射率和浓度来求算的。对介电常数的测定除电桥法外，其他主要还有拍频法和谐振法等，对于气体和电导很小的液体以拍频法为好；有相当电导的液体用谐振法较为合适；对于有一定电导但不大的液体用电桥法较为理想。虽然电桥法不如拍频法和谐振法精确，但设备简单，价格便宜。

测出偶极矩的方法除由对介电常数等的测定来求算外，还有多种其他的方法，如分子射线法、分子光谱法、温度法以及利用微波谱的斯塔克效应等。

（2）溶液法测得的溶质偶极矩和气相测得的真空值之间存在着偏差，造成这种偏差现象主要是由于在溶液中存在溶质分子、溶剂分子以及溶剂分子及溶剂分子间作用的溶剂效应。

第三章　仪器及其使用

第一节　气压计

工程上将均匀垂直作用于物体单位面积上的力，称为压力，而物理学中则称为压强。在国际单位制中，计量压力量值的单位为“牛顿/米^2”（N/m^2）即“帕斯卡”，符号为Pa，简称“帕”。物理概念就是1N的力作用于$1m^2$的面积上所形成的压强（即压力）。测定大气压力的仪器称为气压计，气压计的种类很多，实验室最常用的是福廷（Fortin）式气压计和固定杯式气压计。

一、福廷式气压计

福廷式气压计是一种真空汞压力计，以汞柱来平衡大气压力，然后以汞柱的高度表示大气压力的大小。

1. 构造

福廷式气压计的构造如图3-1-1所示。外面是一黄铜管6，其上部刻有主标尺3，并在相对两边开有长方形的窗孔，在窗孔内有一可上下滑动的游标尺2，当转动游标尺调节螺丝4时，即可调节游标尺上下移动，这样可使得读数的精密度达到0.1mm或0.05mm。黄铜管内是一顶端封闭的盛有汞的玻璃管1，玻璃管1插在下部汞槽8内，玻璃管中汞面的上部为真空，汞槽底部为一羚羊皮袋9，由调节螺丝11支持，转动调节螺丝11可以调节槽内汞面的高度，汞槽之上有一倒置的象牙针7，其尖即为主标尺的零点。

2. 使用方法

（1）首先从气压计所附温度计5上读取温度。

（2）缓慢转动调节螺丝11，调节槽8内汞面的高度，借助槽后白磁片的反光仔细观察，使汞面与象牙针7的尖端刚好接触；由于在调节时，玻璃管1中的汞面高度亦随之变化，在上升时汞柱液面将格外凸出，下降时汞柱液面凸出少些，两种情况都要影响读数的准确性，所以在调好槽内汞面后，要轻轻弹一下黄铜管的上部，待汞柱液面正常后再次观察槽内汞面与象牙针的接触情况，没有变化后方可进行下一步操作。

（3）转动游标尺调节螺丝4，使游标尺2高出玻璃管1内汞面少许，然后再次转动4，使游标尺慢慢下移，至游标尺的底边和后窗活盖的底边，同时与汞柱凸面顶端相切，此时观察者的眼睛应和上述两底边处于同一水平面上，如图 3 - 1 - 2 所示。

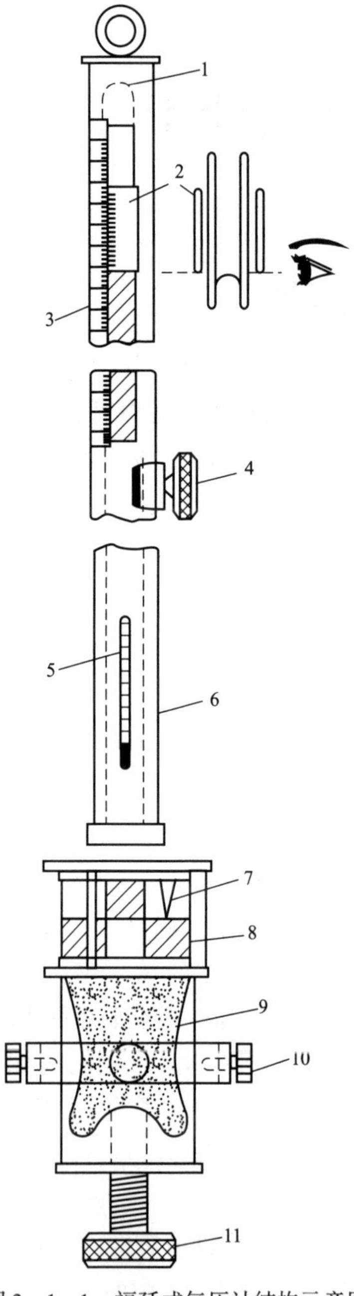

图 3 - 1 - 1　福廷式气压计结构示意图

1—封闭的玻璃管；2—游标尺；3—主标尺；4—游标尺调节螺丝；
5—温度计；6—黄铜管；7—零点象牙针；8—汞槽；9—羚羊皮袋；
10—铅直调节固定螺丝；11—汞槽液面调节螺丝

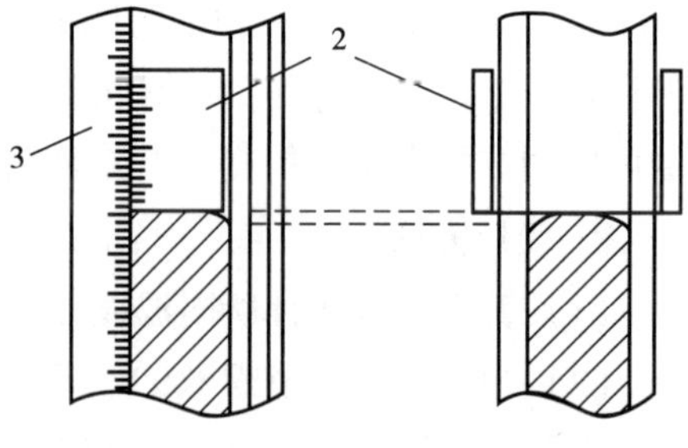

图 3 - 1 - 2　游标尺位置的调节

（4）调好游标尺后，即可从主标尺及游标尺上读取大气压值。读法如下：先从主标尺上读出靠近游标尺“0”线且在其下面的刻度值，即为大气压的整数部分（单位为 mmHg），再从游标尺上找出一根与主标尺上某一刻度线相吻合的刻线，其刻度值即为大气压的小数部分。如此读法是因为：主标尺上每一小格长为 lmm，而游标尺上每一小格长为 1.9mm（游标尺上共刻有 10 个小格，总长为 19mm），这样游标尺上的一小格就比主标尺上两小格少 0.1mm，当游标尺上“0”线高于主标尺上某刻线（设刻度值为 760）0.1mm 时，游标尺上就只有刻度值为“1”的刻线与主标尺刻线（762）相对齐，见图 3－1－3；相距 0.2mm 时，就只有刻度值为“2”的刻线与主标尺刻线（764）相对齐；以此类推，相差零点“几”mm 时，就只有刻度值为“几”的刻线与主标尺刻线相对齐，反之亦然。需指出的是，读取气压值的整数部分时，应读取稍低于游标尺“0”线所对应的主标尺刻度，而不是读取“0”线下三角形尖端处的主标尺刻度。

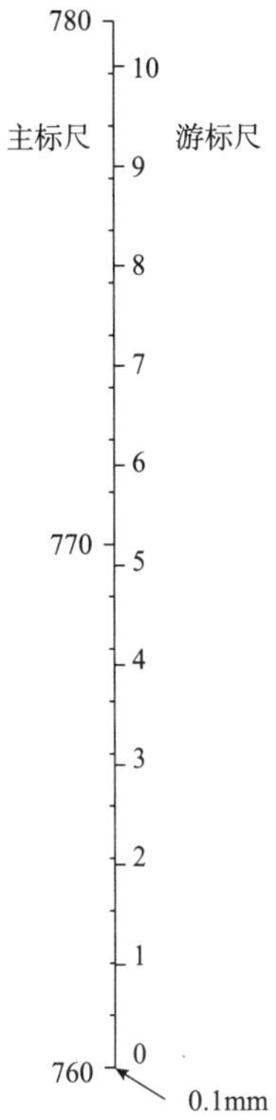

图 3－1－3 气压计读数示意

（5）测定结束后，向下转动调节螺丝 11，使汞槽中汞面与象牙针离开。

3. 气压计读数的校正

由于气压计的刻度是以 0℃、纬度 45°和海平面高度为标准的，同时仪器本身还有误差，因此气压计数需进行仪器误差、温度、纬度和海拔高度等项校正。

1）仪器误差的校正

仪器误差系由仪器本身的不够精确引起。每一个气压计在出厂时都附有校正卡片，气压的观察值应首先加上此项校正。

2）温度校正

由于温度的改变，将使得汞和玻璃管的体积都发生改变。汞体积的改变由于盛汞的黄铜管截面积变化甚微而集中在汞柱高度的方向上；黄铜管体积的改变由于其壁厚度与其长度相比甚微而主要表现在其长度方向上，而气压计的主标尺又是直接刻在黄铜管上的，因此黄铜管长度的变化同时影响了刻度的准确性。实验测知汞在 0～35℃间的平均体膨胀系数 a_v（汞）为 $1.818\times10^{-4}\,K^{-1}$，黄铜在 0～100℃间的平均线膨胀系数 a_1（黄铜）为 $0.184\times10^{-4}K^{-1}$，二者相差较大，因此由于温度改变引起汞和黄铜管体积变化而使得从气压计上读得的气压观察值 p_T 与实际的气压值 p（273.15K）间的偏差不能相互抵消，所以须对观察值进行温度校正，校正公式经推导后得：

$$p(273.15\text{K}) = p_T\left[1-\frac{[a_v(\text{汞})-a_1(\text{黄铜})](T-273.15\text{K})}{1+a_v(\text{汞})(T-273.15\text{K})}\right]$$

$$= p_T\left[1-\frac{(1.818-0.814)\times10^{-4}\text{K}^{-1}(T-273.15\text{K})}{1+1.818\times10^{-4}\text{K}^{-1}(T-273.15\text{K})}\right]$$

$$\approx p_T[1-1.63\times10^{-4}K^{-1}(T-273.15K)]$$

式中：T为该气压计所处的热力学温度。有时将由上式计算得到的温度校正值［$p_T-p(273.15K)$］列成表以便直接使用（参阅本书附录“物理化学实验常用数据表”中的表9）。

3）纬度和海拔高度的校正

由于重力加速度随纬度和海拔高度而改变，因此将影响汞的重力的大小，而导致气压计的读数与实际的气压值的误差，可按下式校正：

$$p_c=p(273.15K)(1-2.6\times10^{-3}\cos2\theta-3.14\times10^{-7}h)$$

式中：p_c为经过纬度和海拔高度项校正后大气压数值；θ为气压计所在地的纬度；h为气压计所在地的海拔高度。

由于此项校正值很小，所以除非在气压数值要求特别准确或纬度偏离45°较远、海拔比较高的情况下，一般不考虑此项校正。

4）其他校正

如汞的蒸气压和毛细管效应等均会引起误差，由于这些校正值都很小，所以一般均不予考虑。

须指出的是，近年制造的气压计、标尺的刻度值均已换算为压力的法定计量单位 Pa（常为百帕斯卡 hPa）。

二、固定杯式气压计

固定杯式气压计与福廷式气压计大同小异。不同之处在于固定杯式的汞槽中汞面无需调节。此乃由于气压变动而引起槽内汞面的升降已计入气压计的读数，由黄铜管上刻度的长度来补偿。因此，气压计所用玻璃管和汞槽内径在制造时均经严格控制，并与黄铜管上的刻度标尺配合，故所得气压读数的精确度并不低于福廷式气压计。其使用方法除槽中汞面无须调节外，其他均与福廷式气压计相同。

第二节 温度的测量

温度是表征物体冷热程度的一个物理量。准确地说温度参数是不能像测量长度等物理量那样通过比较而进行直接测量的，一般只能根据物质的某些特性值与温度之间的函数关系，通过对这些特性参数的测量间接地获得。因为物质的许多物理化学性质都与温度有密切的关系，因此，精确测量和控制温度在物理化学实验中就显得十分重要。

一、温标

温度的数值表示方法叫温标。所谓给温度以数值表示，就是用某一测温变量来量度温度，这个变量必须是温度的单值函数。例如，在玻璃液体温度计中，我们以液柱长度作为测温变量。

1. 热力学温标

热力学温标亦称开尔文（Kelvin）温标，它是建立在卡诺（Carnot）循环基础上的一种理想的温标。用热力学温标确定的温度称为热力学温度，其符号为 T 或 Θ，单位为开尔文，单位符号为 K。热力学温标用单一固定点定义。1948 年第九次国际计量大会决定，定义水的三相点的热力学温度为 273.16K，1K 等于水的三相点热力学温度的 1/273.16。

热力学温标是建立在纯理论基础上的，常选用气体温度计来实现热力学温标，因为理想气体在定容下的压力或定压下的体积与热力学温度成严格的线性函数关系。

由于气体温度计的装置十分复杂，使用不便。为了更好地统一国际间的温度数值，现在采用国际实用温标［2PTS－68（75）］，我国从 1973 年 1 月 1 日起正式采用，有关知识可参见专门论述。

2. 摄氏温标

摄氏温标使用较早，应用方便。用摄氏温标确定的温度为摄氏温度，其符号为 t 或 θ，单位为摄氏度，单位符号为℃。较早的定义是，以水银－玻璃温度计来测定水的相变点，规定在标准压力 $p^{\ominus}$下，水的凝固点为 0℃，水的沸点为 100℃，在这两点之间划分为 100 等份，每等份代表 1℃。

在定义热力学温标时，水三相点的热力学温度值本来是可以任意选取的，但为了和人们过去使用摄氏温标的习惯相符合，故规定水的三相点的温度为 273.16K，使得水的沸点和凝固点之差仍保持 100 度，这就使热力学温标与摄氏温标之间只相差一个常数。因此，现在用热力学温标来对摄氏温标重新定义，即：$t/℃ = T/K - 273.15$，根据这个定义，273.15 为摄氏温标零摄氏度的热力学温度值，它与水的凝固点不再有直接联系。摄氏温度与热力学温度的分度值相同，因此温度差可用 K 表示，也可用℃表示。

二、水银温度计

水银温度计是实验室最常用的温度计。它的测温物质是采用了在相当大的温度范围内体积随温度的变化接近于线性关系的水银，水银盛在一根下端带有球泡的均匀玻璃毛细管中，上端抽成真空或填充某种气体。当温度计的温度发生变化时将引起水银体积的变化。由于玻璃的膨胀系数很小，而毛细管又是均匀的，故水银体积的变化体现为毛细管中水银柱的长度变化，若在毛细管上直接标出温度数值则可以直接从温度计上读得温度。水银温度计的测量范围一般为－30～300℃。若用特硬玻璃或石英做毛细管，并在水银上面充以氮气或氩气，则最高可测到 750℃，若在水银里加入 8.5% 的铊，则可以测到－60℃的低温。

1. 普通水银温度计的种类

按其最小刻度间隔表示温差的大小和量程范围，普通的水银温度计可分下面几种：

（1）最小刻度间隔为1℃，量程范围有0～100℃、0～250℃、0～360℃。

（2）最小刻度间隔为0.1℃，每一支量程为50℃，多支组合后，量程范围可达-10～400℃。

（3）最小刻度间隔为0.01℃，量程范围为18～28℃；最小刻度间隔为0.0℃，量程范围为17～31℃。此类温度计多作为量热计的测温附件。

2. 普通水银温度计的校正

（1）零点校正　由于水银温度计下部玻璃球受热后再冷却体积会有所改变，即玻璃流动性很差，受热膨胀后再冷却收缩到原来的体积，常常要用几天或更长时间，所以水银温度计的读数将与真实值不符。因此，必须校正零点。校正方法是把它与标准温度计进行比较，也可用纯物质的相变点标定校正。

（2）露茎校正　全浸式水银温度计如不能将毛细管中水银柱全部浸入在被测系统中，则因露出部分（称为“露茎”）与被测系统温度不同，而存在着误差。若环境温度较被测系统温度低，则温度计读数偏低；相反，若露茎的环境温度较被测系统温度高，则温度计读数偏高。可以用下面的方法作适当的校正，这种校正称为露茎校正。

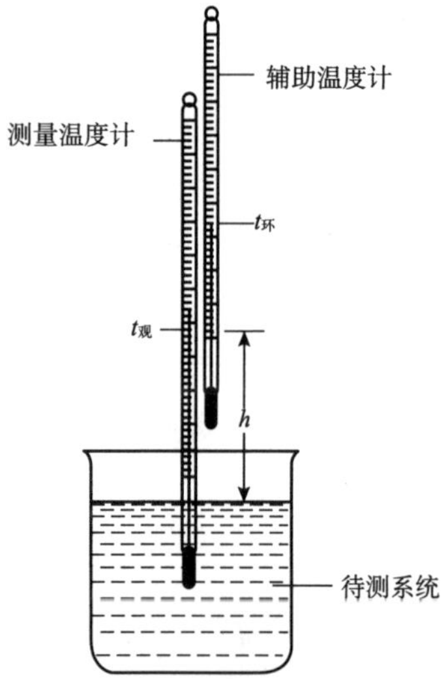

图3-2-1　温度计露茎校正

如图3-2-1所示，用一支辅助温度计靠近测量温度计，其水银球置于测量温度计露茎的中部，测出露茎的环境平均温度，校正值$\Delta t_{露茎}$按下式计算：

$$\Delta t_{露茎} = kh(t_{观} - t_{环})$$

式中：$k = 0.00016 ^{\circ}C^{-1}$，是水银对玻璃的相对膨胀系数；$h$为露茎长度，以温度差值表示；$t_{观}$为从测量温度计上观察到的待测系统的温度；$t_{环}$为从辅助温度计上观察到的环境温度。

校正后待测系统的温度为：

$$\Delta t_{真实} = t_{观} + t_{露茎}$$

其他因素产生的误差，在一般测量中可以不考虑。

3. 使用注意事项

（1）应当在被测系统与温度计达到热平衡（温度计中水银柱长度不再变化）后方可读数。读数时水银面和眼睛应该同在一个水平面上，以防止因视差而带来读数误差，若使用带有准丝的放大镜，则可以帮助减少此项误差。

（2）温度计应垂直放置，以免引起读数误差。

（3）通常用的全浸式水银温度计应尽可能使水银柱全部浸入待测系统中，若不能全部浸入时，对其露茎部分，应加以校正。

（4）在使用精密温度计时，读数前须轻敲水银面附近的玻璃壁，防止水银在管壁上黏滞。

（5）防止骤冷骤热，以免引起温度计破裂和变形，防止强光、热辐射等直接照射水银球。

水银玻璃温度计是很容易损坏的仪器，使用时，应杜绝不规范的操作。例如：图方便以温度计代替搅拌棒；装在盖上的温度计不先取下而充当支撑盖子的支柱；插温度计的孔洞太大，使温度计滑下，或孔洞太小，硬把温度计塞进，折断温度计等。万一温度计损坏，内部水银洒出，应严格按照第一章第二节中“6. 使用汞的安全防护”进行处理。

三、热电偶温度计

1. 原理

热电偶温度计是以热电效应为基础的测温仪表。将两种金属导线 A 和 B 的两端焊接在一起构成一闭合回路，如果两个连接点温度不同，则在回路中就有热电动势产生，这种现象称为热电效应，闭合回路中热电动势的大小只与两个接点间的温差有关，而与导线的长短、粗细和导线本身的温度分布无关。因此可以通过测量热电动势的大小来测量温度。这样一对导线的组合称为热电偶温度计，简称热电偶（见图 3－2－2）。实验表明，在一定的温度范围内，热电动势 E 与两个接点的温 T_1、T_2间存在着函数关系：$E=f(T_1、T_2)$，如果其中一个接点（通常是冷端）的温度保持不变，则热电动势就只与另一个接点（通常为热端）的温度有关，即 $E=f(T)$。故测得热电动势后，即可求出另一个接点（热端）的温度。

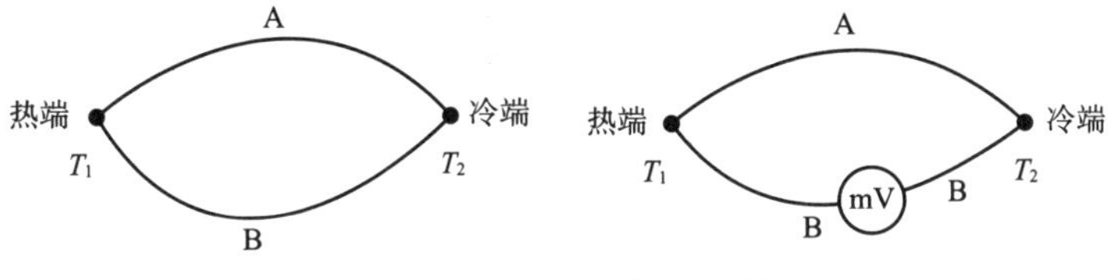

图 3－2－2　热电偶示意图

2. 几种类型的热电偶

（1）镍铬－考铜热电偶　由镍铬［ω（镍）=0.90，ω（铬）=0.10］和考铜［ω（铜）=0.56，ω（镍）=0.44］丝做成。分度号以 EA－2 表示。可在还原性和中性介质中 600℃以内长时间使用，短时间内可测 800℃。

（2）铜－康铜热电偶　由铜和康铜［ω（铜）=0.60，ω（镍）=0.40］丝做成。其特点是热电动势大，价钱便宜，实验中易于制作。但其重现性不佳，只能在低于 350℃时使用。

（3）镍铬－镍硅（铝）热电偶　由镍铬和镍硅［ω（镍）=0.95，ω（硅、铝、锰）=0.05］丝做成，分度号以 EU－2 表示。可在氧化性和中性介质中 900℃以内长时间使用，短时间可测 1200℃。这种热电偶有良好的复现性，热电动势大，价格便宜，测量精密度虽然较低，但能满足一般要求，故是最常用的一种热电偶。目前我国已开始用镍硅材料代替镍铝合金，使得在抗氧化和热电势稳定性方面都有所提高。由于两种热电偶的热电性质几乎完全一致，故可互相代用。

（4）铂－铂铑热电偶　通常用直径 0.5mm 的纯铂丝和铂铑［ω（铂）=0.10，ω（铑）=0.90］丝做成。分度号以 LB－3 表示。它可在 1300℃ 以内长期使用，短期可测 1600℃。这种热电偶的稳定性和重现性均很好，因此可用于精密测温和作为基准热电偶。其缺点是价格贵、低温区热电动势太小和不适于在高温还原气氛中使用。

3. 制作

实验室用热电偶常按实验要求自行设计、制作。热电偶的主要制作工艺是将两根不同的热电偶丝焊接在一起。如果是裸露的电偶丝，为了绝缘起见，须先将它穿在绝缘磁套管中，然后焊接，如图 3－2－3 所示。焊接工艺如下：清除两根热电偶丝端部的氧化层，用尖嘴钳将它们绞合在一起，微微加热，立即蘸少许硼砂，再在热源上加热，使硼砂均匀地覆盖住绞合头，并熔成小珠状。这样可防止下一步高温焊接时金属的氧化，然后进行焊接。焊接通常是用空气－煤气焰、氧－氢焰以及直流或交流电弧。产生电弧的方法是：调节调压变压器的电压为 22V 左右，以碳棒为一极，绞合头为另一极（要用绝缘良好的夹子夹住），使两棒相碰产生电弧。刚焊接好的热电偶存在内应力，金相结构不符合要求，这会导致热电偶在使用过程中产生不稳定的热电动势，使结果重现性差。故精密测量用的热电偶均须进行严格的热处理。一般使用的热电偶也要进行缓慢退火，以消除内应力。

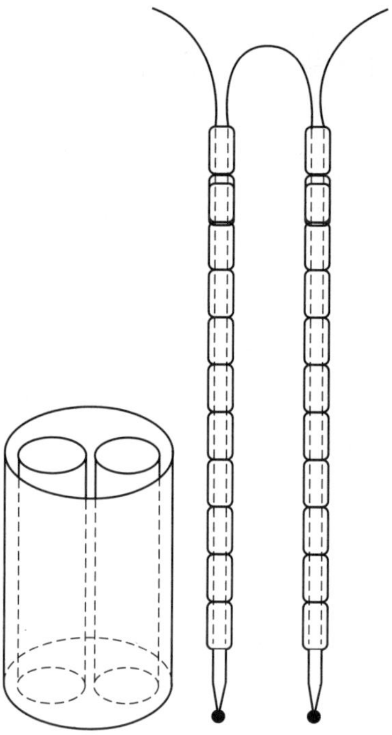

图 3－2－3　套有双孔瓷管的热电偶结构

4. 使用

将热电偶的两端分别插入盛有少许石蜡油（增强导热性）的两支玻璃套管内，然后将一支套管（作为热端）插入待测系统中，另一支套管（作为冷端）插入盛有冰水的保温瓶内，如图 3－2－4 所示。由测得的热电动势从表中或热电偶的热电动势－温度工作曲线上求得热端温度。冷端亦可直接置于温度为 t 的较稳定的空气中，这时须将测得的热电动势再加上该支热电偶温度计从 0℃ 到 t 的热电动势（空气温度高于 0℃ 时），然后再同上法求得热端温度。在自动平衡记录仪或可控硅控温仪中，常常有冷端温度补偿器，使用时则不必考虑冷端温度。

为了使热电动势增大，以增加测量精度，可将几个热电偶串联成为热电堆使用，热电堆的热电动势等于各支热电偶热电动势之和，如图 3－2－5 所示。

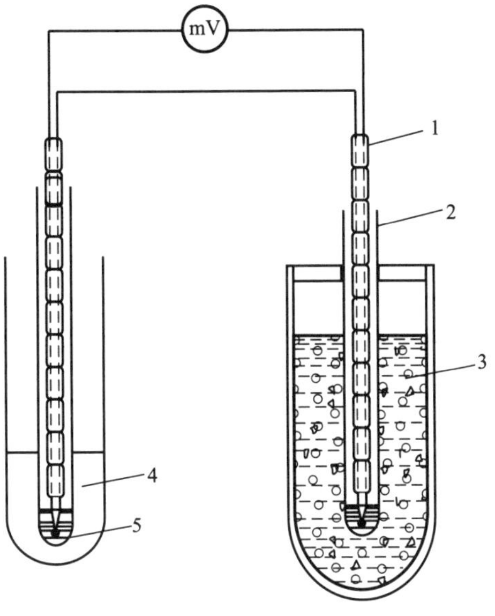

图 3－2－4　一对串联的热电偶的连接方式

1—绝缘瓷管；2—玻璃套管；3—冰水；

4—待测系统；5—石蜡油

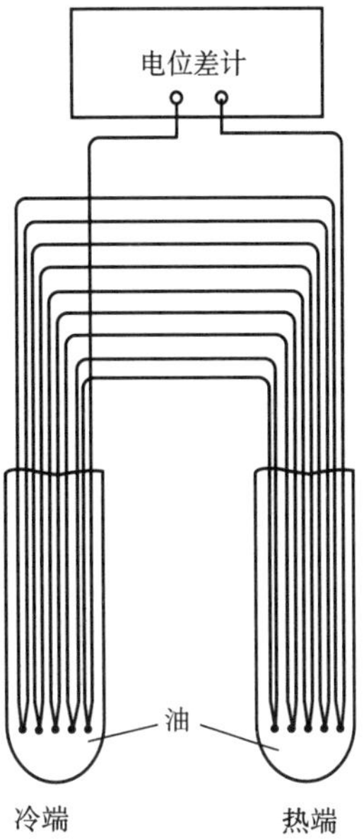

图 3－2－5　五对串联的热电堆的连接方式

第三节　气体钢瓶和减压器

仪器使用对象：实验 2　燃烧热的测定

一、气体钢瓶

在实验室中，常会使用各种气体，通常将气体压缩存储于由无缝碳素钢或合金钢制成的钢瓶中。气体钢瓶是一种高压容器，容积一般为 40～60dm^3，最高承受压力为 0.6～15MPa。在钢瓶的肩部用钢印打出下述标记：

制造厂	制造日期
气瓶型号、编号	气瓶重量
气体容积	工作压力
水压试验压力	水压试验日期及下次送检日期

1. 气体钢瓶的颜色标记

为避免各种钢瓶使用时发生混淆，常将钢瓶漆上不同颜色，写明瓶内气体名称，以资识别。我国部分气体钢瓶标记见表 3－3－1。

表 3-3-1　各种气体钢瓶标志

气体类别	外表颜色	字样	字样颜色	腰带颜色
氧气	大蓝	氧	黑	—
氢气	深绿	氢	红	红
氮气	黑	氮	黄	棕
氦气	棕	氦	白	—
压缩空气	黑	压缩空气	白	—
液氨	黄	氨	黑	—
氯气	草绿	氯	白	白
二氧化碳	黑	二氧化碳	黄	—
石油气体	灰	石油气体	红	—
乙炔气	白	乙炔	红	—

2. 钢瓶使用注意事项

(1) 各种高压气体钢瓶必须定期送有关部门检验。一般气体的钢瓶至少 3 年、充腐蚀性气体的钢瓶至少 2 年送检一次，合格者才能充气。

(2) 钢瓶搬运时，要盖好钢瓶帽和橡皮腰圈，轻拿轻放。要避免撞击、摔倒和激烈振动，以防爆炸，放置和使用时，必须用架子或铁丝固定牢靠。

(3) 钢瓶应存放在阴凉、干燥、远离热源的地方，避免明火和阳光曝晒。因为钢瓶受热后，气体膨胀，钢瓶内压力增大，易造成漏气，甚至爆炸。此外氧气瓶和氢气瓶不可存放在同一处。

(4) 使用钢瓶中的气体时，除 CO_2、NH_3外一般都要装置减压器，可燃气体钢瓶的气门侧面接头（支管）上的连接螺纹为左旋，非可燃气体钢瓶则为右旋，各种减压器不得混用，以防爆炸。各种减压器中，只有 N_2和 O_2可通用。

(5) 开启气门时，操作者必须站在侧面，即站在与钢瓶接口处呈垂直方向位置上，以防万一阀门或气压表冲出伤人。

(6) 氢气瓶最好放在远离实验室的小屋内，用导管引入（千万要防止漏气），并应加防止回火的装置。

(7) 钢瓶上不得沾染油类及其他有机物，特别是在气门出口和气表处，更应保持清洁。不可用棉、麻等物堵漏，以防燃烧引起事故。

(8) 不可将钢瓶中的气体全部用完，一定要保留 0.05MPa 以上的残留压力。可燃烧气体 C_2H_2应剩余 0.2～0.3MPa，H_2应保留 2MPa，以资核对气体和防止其他气体进入。

二、减压器

储存在高压钢瓶内的气体，在使用时要通过减压器，使其压力降至实验所需范围且保持稳压。减压器按构造和作用原理分为杠杆式和弹簧式两类，弹簧式又分为反作用和正作用两种，现以反作用弹簧式的氧气减压器（又称氧气表）为例作如下介绍。

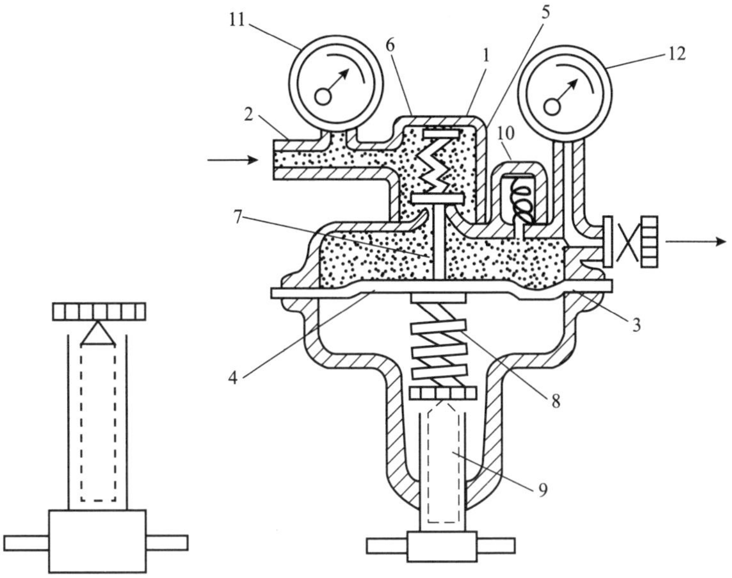

图 3－3－1　氧气表

1—高压气室；2—管接头；3—低压气室；4—薄膜；5—减压阀门；6—回动弹簧；7—支杆；8—调节弹簧；9—调节螺杆；10—安全阀门；11—高压表；12—低压表

1. 氧气减压器（氧气表）的工作原理

氧气减压器的工作原理可由图 3－3－1 说明，进气口与钢瓶连接，出气口通往使用系统，高压表 11（总压表）所示为进口的高压气体的压力，低压表 12（分压表）所示为出口的工作气体的压力。工作时，高压气体经过管接头 2 进入减压器的高压气室 1，再进入装有薄膜 4 的低压气室 3 内，高压气体通过减压阀门 5 的开口时，其能量消耗于克服阀门的阻力，因而压力降低，回动弹簧 6 从上面压到阀门上，而调节弹簧 8 从下面通过支杆 7 压到阀门上，因而弹簧对薄膜和支杆的压力，以及阀门的上升量，都可以通过调节螺杆 9 来调节。如果通过减压器的气体消耗量减少，那么气室内的压力就会升高，薄膜向下移动，压缩弹簧，于是阀门接近座孔，使进入室内的气体减少；在气室内的压力没有降低及作用在薄膜与阀门上的压力没有恢复平衡时，这个动作一直在进行着。当放出的气体增多时，气室里的压力降低，在弹簧的作用下使阀门的上升量增加，于是通过阀门放入的气体增加。减压器有安全阀门 10 来保护薄膜。当工作室内的气体压力万一增加到不允许高度时，安全阀门会自动打开排气。

2. 氧气减压器（氧气表）的使用

氧气表的外形如图 3－3－2 所示，使用前，先将氧气表进口和钢瓶连接，出口通过紫铜管和使用系统连接，连接时应首先检查连接螺纹是否无损，然后用手拧满螺纹，再用扳手上紧。将减压阀门 4 关闭（按逆时针方向旋转），然后打开钢瓶上的总阀门（按逆时针方向旋转)，用肥皂水检查氧气表和钢瓶接口处是否漏气，如无漏气，即可将减压阀门打开（按顺时针方向慢慢旋紧）往使用系统进气，直到分压表达到所需压力为止。使用完毕，先将总阀门关闭（按顺时针方向旋紧），再关闭减压阀门，松开紫铜管与使用系统的接头，放去紫铜管内及低压气室内的余气，分压表指示即下降到零，然后再打开减压阀门，放掉高压气室内的余气，总压表指示即下降到零，最后关闭减压阀门。必须指出，如果最后减压阀门没有关闭（旋到最松位置），就会在下次打开总阀门时，因高压气流的冲击而发生事故。

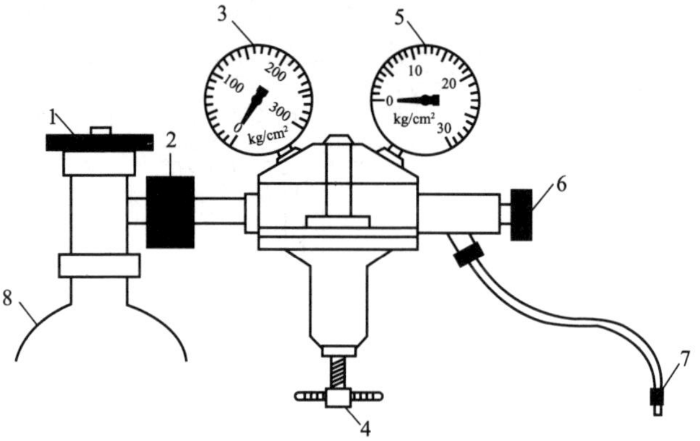

图 3－3－2　氧气表外形图

1—总阀门；2—氧气表和钢瓶的连接螺帽；3—总压力表；4—减压阀门手柄；5—分压力表；6—供气阀门；7—接氧弹的进气口螺帽；8—氧气钢瓶

第四节　真空泵

仪器使用对象：实验 7　液体饱和蒸气压的测定

真空是指压力小于 101325Pa 的气体空间。真空状态下的气体压力称作真空度。真空度根据压力大小又可分为：

（1）粗真空：$10^5 \sim 10^3$Pa；

（2）低真空：$10^3 \sim 10^{-1}$Pa；

（3）高真空：$10^{-1} \sim 10^{-6}$Pa；

（4）超高真空：$<10^{-6}$Pa。

为了获得真空，就必须将容器中的空气抽出，真空泵就是能将容器中的空气抽出从而获得真空的装置。真空泵种类很多，一般物化实验室中常用的有旋片式机械泵和扩散泵等。

一、旋片式机械泵

1. 构造和原理

旋片式机械泵构造如图 3－4－1 所示，它借助于滑片在泵腔中连续运转，使泵腔被滑片分成两个不同区域的容积周期性地扩大与缩小，而将气体吸进与压缩，达到容器被抽空。实验室中常用的直联旋片式真空泵由两个工作室前后串联同向等速旋转，被抽气体由前级泵腔抽入，经过压缩被排入后级泵腔再经过压缩，穿过油封排气阀片排出泵体。

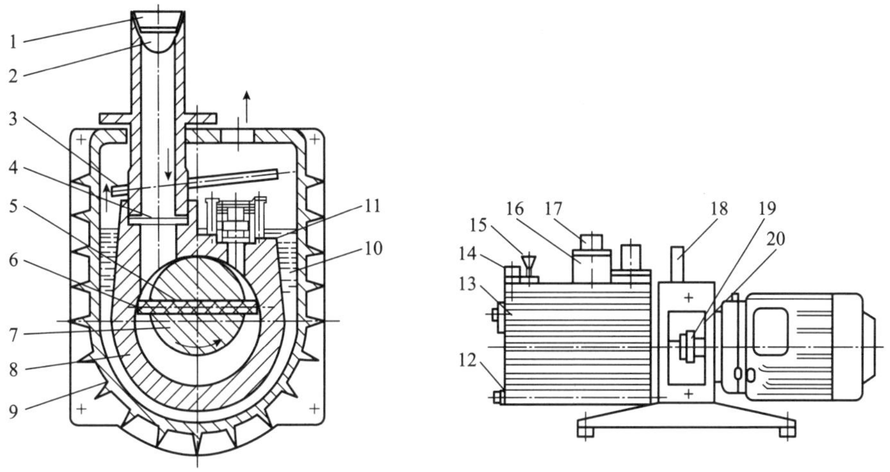

图 3－4－1 旋片式真空泵结构示意图

1—进气嘴；2—滤网；3—挡油板；4—气嘴 O 形环；5—旋片弹簧；6—旋片；7—转子；8—定子；9—油箱；10—真空泵油；11—排气阀片；12—放油螺塞；13—油标；14—加油螺塞；15—气镇阀；16—减雾器；17—排气嘴；18—手柄；19—联轴器；20—防护盖

2. 使用方法与注意事项

旋片式真空泵的使用十分方便，只要在其进气管口接一真空橡皮管且与实验系统相通，接通电源，即可开始工作，但在使用时应当注意：

（1）与泵连接的管道不宜过长，内径不宜小于泵口进气口径，以防影响抽速，同时应当检查连接管道有否漏气。

（2）装接电线时，应当注意电机铭牌上规定的接线要求，三相电机要注意电机旋转方向应与泵支架上的箭头方向一致。

（3）泵的工作环境为：温度 5～40℃范围内，相对湿度≤85%，进气口压力 $<1.3\times10^3$ Pa；如相对湿度过高，可打开气镇阀净化，净化完毕后及时关死。

（4）泵内油位应在油标可见部位，泵油选用 1 号真空泵油。

（5）泵的极限压力是在麦氏真空计测得的分压强值。如用热偶真空计、电阻真空计等全压强计测量，其真空值要低 1 个多数量级。

（6）泵抽气口连续敞通大气运转，不得超过 3min。停泵前应先使泵的进气口与大气相通，以防泵油倒吸污染实验系统，故通常在泵的进气口前装置一个三通活塞，以便停泵前先通大气。

（7）泵必须安装在清洁、通风、干燥的场所。

（8）保持泵的清洁，防止杂物进入泵内。

（9）如遇泵的噪声增大或突然咬死，应当迅速切断电源，进行检查。

二、扩散泵

当机械泵的真空度不能满足要求时，通常使用扩散泵来获得高真空。扩散泵是一种次级泵，它需要在一定的真空度下才能正常工作，因此它必须与机械泵配合使用。

1. 工作原理

实验室中常用的扩散泵是以硅油作工作物质的油扩散泵，其工作原理如图 3－4－2 所示。

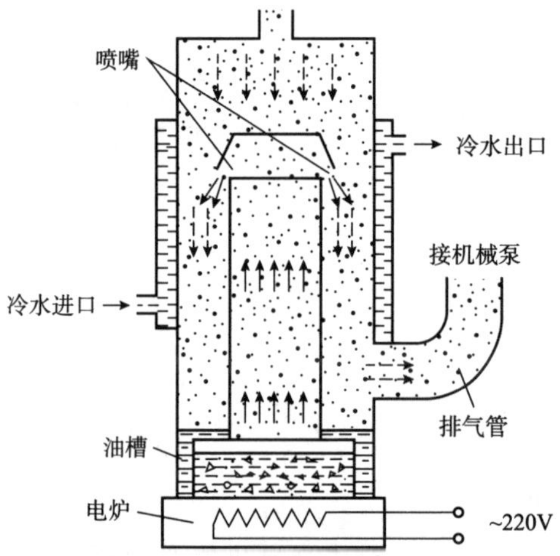

图 3－4－2　单级油扩散泵工作原理示意图

硅油被电炉加热沸腾气化后，蒸气上升，通过中心管从顶部喷嘴喷出，在喷嘴处形成低压，将周围空气带向下方，硅油蒸气遇到外壳被水冷却凝结为液体，流入底部，循环使用，而被夹带在硅油蒸气中的气体在底部富集起来，随即被机械泵抽走。

为了提高真空度，可以串联几级喷嘴，这样就构成多级扩散泵，三级油扩散泵的极限真空度可达 10^{-4} Pa。

2. 使用方法

由于硅油在高温下易于氧化和裂解，故油温不能太高，为此，必须先开机械泵，使扩散泵内真空度达到 1～0.1Pa 以后，接通冷凝水，再逐步加热硅油。停泵时应先切断电热器电源，停止加热，待油不再沸腾回流时，再去掉冷凝水，关闭扩散泵前后的两个活塞，然后停止机械泵。在机械泵关闭之前必须先使机械泵与空气相通，然后再关掉机械泵的电源。

三、真空系统的安全操作

由于真空系统内部压强比外部低，因此，真空容器都会承受一定的压力，真空度越高，器壁承受的压力越大。超过 $1dm^3$ 的大玻璃容器，都存在着破裂的危险。球形容器比平底容器受力要均匀些，但过大也难以承受大气压力。因此，在实验中，除尽量少用平底玻璃容器外，对较大的真空容器，外面最好套有网罩，以免破裂时碎玻璃伤人。

在开启或关闭高真空玻璃系统活塞时，应两手操作，一手握活塞套，一手极缓慢地旋转活塞，以防止玻璃系统各部分产生力矩（甚至断裂），同时也可避免压力不平衡部分因突然接通而造成局部压力突变，导致系统破裂或压力计内水银冲入真空系统。在使用水银压力计时，应注意汞的安全防护，以防中毒。

[附] 真空的测量和真空系统的检漏

1. 真空的测量

真空的测量实际上就是测量低压下气体的压力。常用测量仪器有U形水银压力计、麦氏真空规、热偶真空规和电离真空规等。下面对麦氏真空规作简要介绍：

麦氏真空规是根据波义耳定律设计的，它能直接测量真空系统的压力，其结构如图3－4－3所示。麦氏真空规通过活塞2与真空系统相连，玻璃球5上端接有内径均匀的封口毛细管4（称为测量毛细管）。毛细管3（称为比较毛细管）的内径和毛细管4相同，且和毛细管4平行，用以消除毛细作用的影响，减少读数误差。三通活塞7用以控制汞面的升降。测量系统真空度时，先将三通活塞7开向辅助真空，对汞槽8抽气，使汞面下降至切口处6以下，再缓缓打开活塞2，使被测真空系统与麦氏规相通。待压力平衡后，再将活塞7缓缓地与大气相通，使汞面缓慢上升。当汞面升到切口处6时，玻璃球5和毛细管4即形成封闭系统，其体积为 V，压力为 p（即为被测系统真空度）。使汞面继续上升，直到毛细管3中的汞面与毛细管4的顶端相齐，此时毛细管3中汞面比毛细

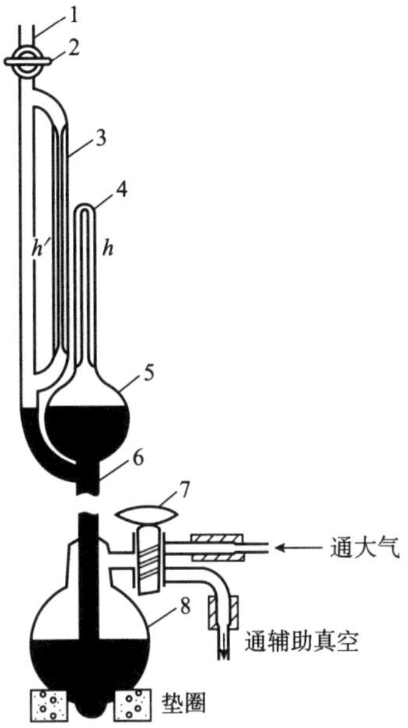

图3－4－3　麦氏真空规

1—接被测真空系统；2—活塞；3—比较毛细管；4—测量毛细管；5—玻璃球；6—切口处；7—三通活塞；8—汞槽

管4中汞面高出h，则毛细管4中气体压力为$p+h$，其体积为V'，根据波义耳定律，则有

$$pV = (p + h)V'$$

$$p = \frac{hV'}{V - V'}$$

设毛细管4的横截面积为S，则

$$V' = Sh$$

将V'代入上式得

$$p = \frac{Sh^2}{V - Sh}$$

因为$V \gg Sh$，所以

$$p = \frac{Sh^2}{V} = Kh^2$$

由于S、V均可测量，故K为常数，因此，测出h即可计算出系统真空度p。市售麦氏真空规，在标尺上直接标出真空度值，不需再行计算。麦氏真空规的测量范围是$10 \sim 10^{-4}$Pa。必须指出，麦氏真空规不能用来测量经压缩发生凝结的气体，因为它不遵守波义耳定律。

2. 真空系统的检漏

新安装的真空系统在使用前应检查是否漏气。检漏的仪器和方法很多，如火花法、热偶规法、荧光法、质谱仪法等，分别适用于不同漏气情况。

对玻璃真空系统，探测有无漏洞，使用高频火花真空检漏仪较为方便。它不仅能查出系统的漏洞所在，且能粗略估计真空度。使用时接通220V交流电源，按住手揿开关，此时在放电弹簧端应看到紫色火花，并听到蝉鸣声。将放电弹簧移近金属物体，调节仪器使之产生不少于三条火花线，长度不短于20mm。火花正常后，将放电弹簧对准真空系统的玻璃壁。若系统真空度在10～1Pa范围，可看到红色辉光放电；若系统真空度优于0.1Pa或很差（压力大于10^3Pa），则火花线不能穿过玻璃进入系统内产生辉光。当系统上有很小的砂孔漏洞时，由于大气穿过漏洞处的电导率比绝缘玻璃的电导率高得多，这时将产生明亮的光点，这个光点，就指明了漏洞所在。为了迅速找出漏洞，通常用分段检查的办法进行，即关闭某些活塞，把系统分成几个部分，分别检查。确定了某一部分漏气后，再用火花仪检查漏洞所在。若管道段找不到漏洞，则通常为活塞或磨口接头漏气。

对于微小砂孔漏洞，可用真空泥涂封。较大漏洞，则需重新焊接，对于活塞或磨口接头处漏气，须重涂真空脂，或更换新的真空活塞和接头。

第五节　DDS－307型电导率仪

仪器使用对象：实验17　乙酸乙酯皂化反应速率常数的测定

DDS－307型电导率仪适用于测定一般液体的电导率，是目前实验室中最常用的电导率仪。其优点是：数字显示、测量范围广、测量速度快、可进行温度补偿调节、可靠性好、操作方便。

一、测量原理

如图3－5－1所示，将恒定电压U加到电导池的两个电极（商品电极常将两个电极做成复合电极）上，这时流过溶液的电流I_x的大小取决于溶液的电阻尼R_x和外加电压U。

$$R_x = U/I_x$$

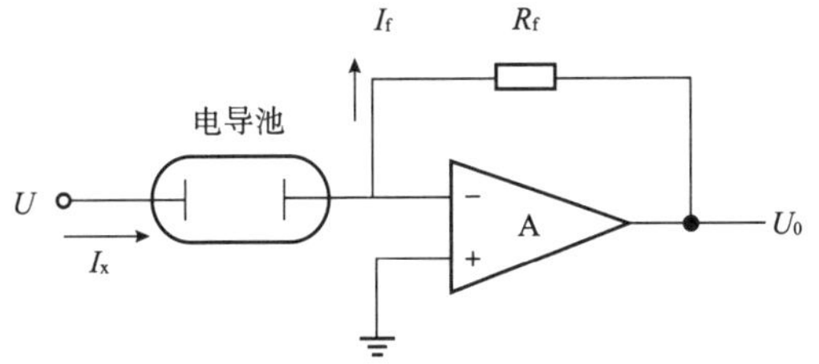

图3－5－1　DDS－307型电导率仪测量原理图

金属导体通过电子的移动而导电且服从欧姆定律，对溶液则是通过正、负离子的移动而导电的。同样，可引用欧姆定律表示。有

$$R_x = U/I_x = \rho \cdot L/A \tag{1}$$

式中：L是两电极间液柱的长度，cm；A为两电极间液柱的截面积，cm^2；ρ为溶液的电阻率。对于使用确定电极的电导池，L/A是个常数，称为电导池常数（也称电极常数），以K_{cell}表示，则

$$K_{cell} = L/A$$

式（1）变为：

$$U/I_x = \rho \cdot K_{cell}$$

则电导率为：

$$k = 1/\rho = K_{cell} \cdot I_x/U = K_{cell} \cdot I_f/U = K_{cell} \cdot U_0/UR_f \tag{2}$$

可见，在常数K_{cell}及输入电压U为定值时，被测介质的电导率与运算放大器的输出电压U_0成正比。因此，只需测量U_0的大小就可显示出被测介质电导率的高低。仪器的电路方框图如图3－5－2所示。

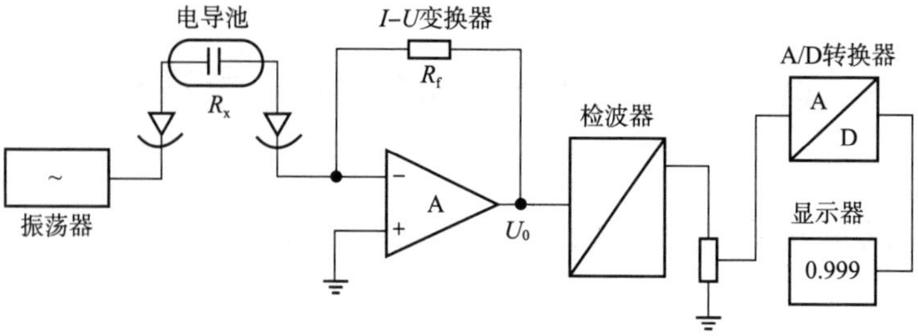

图 3－5－2　DDS－307 型电导率仪电路方框图

为降低“极化”作用所造成的附加误差及消除电导池中双电层电容的影响，由振荡器产生幅值稳定的交流测量讯号，此讯号加于电导池后变换为电流讯号输入到运算放大器 A 的反相端，经过比例运算后便把 R_x的大小变换成为相应的电压信号 U_0，从（2）式可知，这种转换是线性的。U_0经检波后变为直流电压信号，这样，加到 A/D 转换器的直流电压就与溶液的电导率成正比。

二、使用方法

1. 仪器前面板及后面板

仪器前面板及后面板如图 3－5－3 所示。

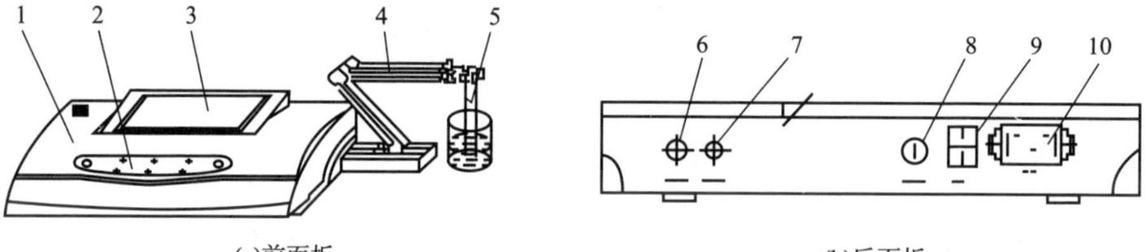

图 3－5－3　DDS－307 型电导率仪面板图

1—机箱；2—键盘；3—显示屏；4—电极支架；5—电极；

6—电极插座；7—接地插座；8—保险丝；9—电源开关；10—电源插座

2. 选择电导池电极

仪器可配用电导池常数为 0.01、0.1、1 及 10 四种不同类型的电导池电极（以下简称“电导电极”），每种电导电极又有四挡量程，可根据表 3－5－1 所示的参考测量值与被测介质电导率（电阻率）的高低，选用不同常数的电导电极。提示：如果被测介质电导率小于 1mS/cm（电阻率大于 1mΩ · cm），用常数为 0.01 的钛合金电极测量时应加测量槽作流动测量；如果被测介质电导率大于 100μS/cm（电阻率小于 10kΩ · cm）以上时，宜用常数为 1 或 10 的镀铂黑电导电极以增大吸附面，减少电极极化的影响。

表3-5-1 测量范围表

量程	电导率/(μS/cm)	电阻率/Ω·cm	配套电导电极	常数开关位置/cm^{-1}	量程开关位置	被测介质电导率/(μS/cm)
1	0~0.1	∞~10^7	钛合金电导电极	0.01	Ⅰ	数码读数×0.1
2	0~1	∞~10^6			Ⅱ	数码读数×1
3	0~10	∞~10^5			Ⅲ	数码读数×10
4	0~10^2	∞~10^4			Ⅳ	数码读数×100
5	0~1	∞~10^6	DJS-0.1C型光亮电导电极	0.1	Ⅰ	数码读数×0.1
6	0~10	∞~10^5			Ⅱ	数码读数×1
7	0~10^2	∞~10^4			Ⅲ	数码读数×10
8	0~10^3	∞~10^3			Ⅳ	数码读数×100
9	0~10	∞~10^5	DJS-1C型铂黑电导电极	1	Ⅰ	数码读数×0.1
10	0~10^2	∞~10^4			Ⅱ	数码读数×1
11	0~10^3	∞~10^3			Ⅲ	数码读数×10
12	0~10^4	∞~10^2			Ⅳ	数码读数×100
13	0~10^2	∞~10^4	DJS-10C型铂黑电导电极	10	Ⅰ	数码读数×0.1
14	0~10^3	∞~10^3			Ⅱ	数码读数×1
15	0~10^4	∞~10^2			Ⅲ	数码读数×10
16	0~10^5	∞~10			Ⅳ	数码读数×100

3. 调节“温度”旋钮

用温度计测出被测介质的温度后，把“温度”旋钮置于相应的介质温度刻度上。注：若把旋钮置于25℃线上，即为基准温度下补偿，也即为无补偿方式。

4. 调节“常数选择”开关位置

（1）若选用常数为0.01cm^{-1} ±20%的电导电极则置于0.01处。

（2）若选用常数为0.1cm^{-1} ±20%的电导电极则置于0.1处。

（3）若选用常数为1cm^{-1} ±20%%的电导电极则置于1处。

（4）若选用常数为10cm^{-1} ±20% 的电导电极则置于10处。

5. 常数的设定及“校正”调节

量程开关置于“检查”挡：

（1）对0.01cm^{-1}常数的钛合金电导电极，常数选择开关置于0.01处；若常数为0.0095，则调节“校正”钮使显示值为0.950。

（2）对0.1cm^{-1}常数的DJS-0.1C型光亮电导电极，常数选择开关置于0.1处；若常数为0.095，则调节“校正”钮使显示值为9.50。

（3）对 1cm^{-1}常数的 DJS－1C 型铂黑电导电极，常数选择开关置于 1 处；若常数为 0.95，则调节“校正”钮使显示值为 95.0。

（4）对 10cm^{-1}常数的 DJS－10C 型铂黑电导电极，常数选择开关置于 10 处；若常数为 9.5，则调节“校正”钮使显示值为 950。

6. 测量

（1）将电导电极插头插入插座，使插头之凹槽对准插座之凸槽，然后用食指按一下插头顶部，即可插入（拔出时捏住插头之下部，往上一拨即可）。然后把电极浸入介质，进行测量。

（2）把“量程”开关扳在测量挡，使显示值尽可能在 100～1000 之间。

7. 仪器的模拟标定

仪器电计部分用电阻箱标定。常数选择开关置于 1，温度调节置于 25℃。量程开关置于检查，调节“校正”钮使显示值为 100。

（1）扳量程开关置于Ⅰ。

电阻箱输入	100kΩ	仪器指示应为 100×0.1

（2）扳量程开关置于Ⅱ。

电阻箱输入	100kΩ	仪器指示应为 100
	50kΩ	仪器指示应为 20
	25kΩ	仪器指示应为 40
	40kΩ	仪器指示应为 25

（3）扳量程开关置于Ⅲ。

电阻箱输入	1kΩ	仪器指示应为 100×10

（4）扳量程开关置于Ⅳ。

电阻箱输入	100kΩ	仪器指示应为 100×100

（5）仪器电计部分的误差值为 ±1%。在用电阻箱标定时要注意屏蔽和屏蔽层接地。

三、注意事项

（1）在测量高纯水时应避免污染。

（2）因温度补偿是采用固定的 2% 的温度系数补偿的，对高纯水测量应尽量采用不补偿方式进行测量后查表。

（3）为确保测量精度，电导电极使用前应用 0.5μS/cm 的蒸馏水或去离子水冲洗 2 次，再用被测试样冲洗 3 次后方可测量。

（4）电导电极插头插座绝对防止受潮，以免造成不必要的测量误差。

（5）电导池常数应定期进行复查和标定。

四、电导池常数的标定

1. 参比溶液法

（1）清洗电导电极。

（2）配制 KCl 标准溶液，配制的成分比例和电导率值见表 3－5－2 与表 3－5－3。

（3）把电导池接入电桥或电导仪。

（4）控制溶液温度为 25℃。

（5）把电导电极浸入标准溶液中。

（6）测出电导池电极间电阻 R。

（7）按照下式计算电导池常数 K_{cell}：

$$K_{cell} = k \times R$$

式中：k 为溶液已知电导率（查表 3－5－3 可得）。

表 3－5－2　测定电导池常数的 KCl 标准溶液

电导池常数 K_{cell}/cm^{-1}	0.01	0.1	1	10
KCl 标准溶液	0.001D	0.01D	0.1D	0.1D 或 1D

注：KCl 应该用一级试剂，并须在 110℃烘箱中烘干 4h，取出经干燥器冷却后方可称量。

表 3－5－3　KCl 标准溶液及其电导率值

浓度 / 电导率/(S/cm) / 浓度/℃	1D	0.1D	0.01D	0.001D
15	0.092 12	0.010 455	0.001 141 4	0.000 118 5
18	0.097 80	0.011 168	0.001 220 0	0.000 126 7
20	0.101 70	0.011 644	0.001 273 7	0.000 132 2
25	0.111 31	0.012 852	0.001 408 3	0.000 146 5
35	0.131 10	0.015 351	0.001 687 6	0.000 176 5

注：（1）1D：20℃下每升溶液中 KCl 为 74.2460g；（2）0.1D：20℃下每升溶液中 KCl 为 7.4365g；（3）0.01D：20℃每升溶液中 KCl 为 0.7440g；（4）0.001D：20℃时将 100mL 的 0.01D 溶液稀释至 1L。

2. 比较法（用一已知常数的电极与未知常数的电极测量同一溶液的电阻）

（1）选择 1 支合适的已知常数的标准电导电极（设常数为 $K_{cell,标}$）。

（2）把未知常数的电导电极（设常数为 $K_{cell,1}$）与标准电导电极，事先清洗吸干后以同样的深度插入液体中。

（3）依次把它们接到电阻率仪或电导率仪上，分别测出的电阻设为 R_1 及 $R_{标}$，则由

$$\frac{K_{cell,标}}{K_{cell,1}} = \frac{R_{标}}{R_1}$$

可得：

$$K_{cell,1} = K_{cell,标} \times R_1 / R_{标}$$

第六节　EM－3C 数字式电子电位差计

仪器使用对象：实验 12　电极制备和电动势的测定

电位差计是测量直流电压（或电动势）的仪器。可分为高阻型、低阻型两类。使用时可根据待测系统的不同选用不同类型的电位差计。一般来说，高电阻系统选用高阻型电位差计，低电阻系统选用低阻型电位差计。不管电位差计的类型如何，其测量原理都是一样的。

一、测量原理

电位差计是根据补偿原理而设计的。在测量过程中几乎不消耗被测量电池的能量。其基本原理线路如图 3－6－1 所示。

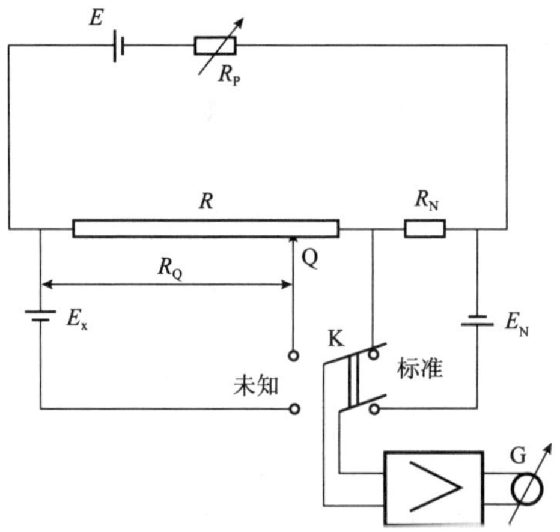

图 3－6－1　电位差计基本原理图

先将转换开关 K 扳向“标准”位置，再调节电阻 R_P，使检流计指零，这时有下列关系：

$$E_N = IR_N$$

式中：I 是流过 R 和 R_N 上的电流，E_N 是标准电池的电动势。由上式可得：

$$I = \frac{E_N}{R_N}$$

工作电流调节好后，将转换开关 K 扳到“未知”位置上，同时滑动触头 Q，触头 Q 在 R 上的读数为 R_Q，则有：

$$E_x = \frac{R_Q}{R_N} E_N$$

所以当标准电池电动势 E_N 和其补偿电阻 R_N 的数值确定时，只要正确读出 R_Q 的值，就能正确测出未知电动势 E_x。应用补偿法测量电动势有下列优点：

（1）当被测电动势完全补偿时，被测电动势不会因为接入电位差计而发生任何变化。

（2）不需要测出工作电流的大小，只要测出 R_Q 与 R_N 的比值即可。

二、EM－3C 数字式电子电位差计

该仪器主要用于电动势的精密测定，替代 UJ25 等传统仪器和与之配套的电源、光电检流计、变阻箱等设备，采用对消法测定原电池的电动势。用内置的可代替标准电池的高精度参考电压集成块作比较电压，保留了平衡法测量电动势仪器的原理。仪器线路设计采用全集成器件，被测电动势与参考电压经过高精度的仪表放大器比较输出，达至平衡时即可知被测电动势的大小。仪器还设置了外校输入，可接标准电池来校正仪器的测量精度。仪器的数字显示采用两组高亮度 LED，具有字形美、亮度高的特点。

1. 结构与原理

仪器面板（以 EM－3D 为例）的左上方为“电动势指示”7 位和“平衡指示”5 位数码管显示窗口；左下方为七个拨位开关，分别用于选定内部标准电动势的大小，分别对应 ×1V、×100mV、×10mV、×1mV、×100μV、×10μV、×1μV 挡。

2. 使用方法

1）加电

插上电源插头，打开电源开关，两组 LED 显示即亮，预热 5min，将右侧功能选择开关置于测量挡。

2）拉线

将测量线与被测电动势按正负极性接好，仪器提供二根通用测量线，一般黑线接负，红线接正。

3）设定内部标准电动势值（以 EM－3D 为例，EM－3CT 和 EM－2B 型以此类推）

左 LED 显示为拨位开关设定的内部标准电动势值，以设定内部标准电动势值为 1.018621 为例，将 ×1V 挡拨位开关拨到 1，将 ×100mV 挡拨位开关拨到 0，将 ×10mV 挡拨位开关拨到 1，将 ×1mV 挡拨位开关拨到 8，将 ×100μV 挡拨位开关拨到 6，将 ×10μV 挡拨位开关拨到 2，旋转 ×1μV 拨位开关使电动势指示 LED 的最后一位显示为 1。

右 LED 显示为设定的内部标准电动势值和被测定电动势的差值。如显示为 OU. L 或－OU. L，则指示被测电动势与设定的内部标准电动势值的差值过大。

4）测量

将面板右侧的拨位开关拨至“测量”位置，观察右边 LED 显示值，调节左边拨位开关设定内部标准电动势值直到右边 LED 显示值为“00000”附近，等待电动势指示数码显示稳定下来，此即为被测电动势值。

须注意的是："电动势指示" 和 "平衡指示" 数码显示在小范围内摆动属正常，摆动数值在 ±1 个字之间。

5）校准

用外部标准电池校准。仪器出厂时均已调校好。为了保证测量精度，可以由用户校准。首先校准零点，将面板开关拨至 "外标位置"，红黑线接在 "外标" 接口并短接。将面板左侧拨位开关全部拨至零，按校准按钮，使右侧 LED 显示为 0。将标准电池接在外标或仪器自身基准，将面板右侧的拨位开关拨至 "外标" 位置，调节左边拨位开关设定内部标准电动势值为标准电池的实际数值，观察右边平衡指示 LED 显示值，如果不为零值附近，按校准按钮，放开按钮后平衡指示 LED 显示值应为零，校准完毕。

6）测量超过 2V 的信号（见图 3-6-2）

如被测信号超过 2V，需用分压器分压后测量；

如被测信号在 2～20V 范围，请用 10：1 分压器分压；

如被测信号在 20～200V 范围，请用 100：1 分压器分压。

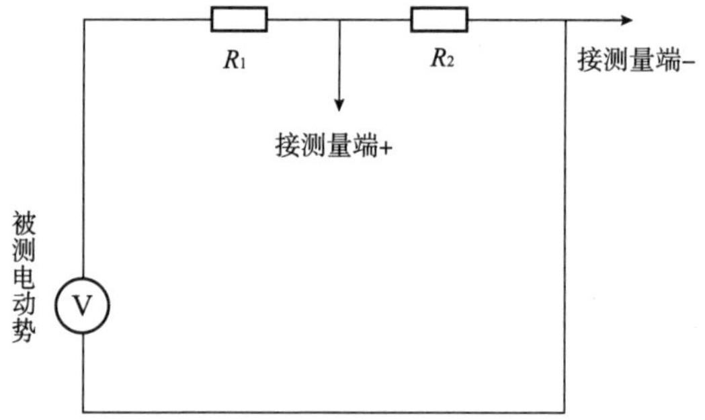

图 3-6-2　测量超过 2V 的信号分压接线图（R_1：R_1 = X：1）

3. 注意事项

（1）仪器不要放置在有强电磁场干扰的区域内。

（2）因仪器精度高，测量时应单独放置，不可将仪器叠放，也不要用手触摸仪器外壳。

（3）仪器的精度较高，每次调节后，"电动势指示" 处的数码显示须经过一段时间才可稳定下来。

（4）测试完毕后，需将被测电动势及时取下。

（5）仪器已校准好，不要随意校准。

（6）如仪器正常加电后无显示，请检查后面板上的保险丝（0.5A）。

（7）若波段开关旋钮松动或旋钮指示错位，可撬开旋钮盖，用备用专用工具对准旋钮内槽口拧紧即可。

第七节　DJS－292 型恒电位仪

仪器使用对象：实验 13　铁的极化和钝化曲线的测定

一、概述

DJS－292 恒电位仪是一种电化学测试仪器，可广泛应用于电极过程动力学、化学电源、电镀、金属腐蚀、电化学分析及有机电化学合成等方面的研究工作。

DJS－292 恒电位仪的主要功能为恒电位输出和恒电流输出。在恒电位方式工作时，它使电化学体系的两个电极（研究电极与参比电极）之间的电位保持恒定，或者准确地跟随给定指令信号变化，而不受流过研究电极电流变化的影响。在恒电流方式工作时，它使流过研究电极的电流保持恒定，或者准确地跟随给定指令信号变化，而不受研究电极相对于参比电极电位变化的影响。仪器配有高阻抗输入的探头和数字电压表显示，可以作为电位测量用。仪器具有溶液电阻补偿功能和对数电流（lg*I*）输出接口。

仪器采用高阻抗高速运算放大器、集成对数运算放大器等新型器件：主放大器以运算放大器与分立元件相结合的电路达到较高槽电压输出，并兼顾仪器较好的动态响应。电路程式的设计考虑到使用者的方便和仪器性能的改善，并配以合理的工艺以提高仪器的可靠性和稳定性。

二、工作原理

仪器由电源电路、主放大器、电流电压转换器（零阻检流器）、电压跟随器（探头）、对数转换器及电压、电流过载指示和阴、阳极显示电路等构成。

下面简要介绍仪器以恒电位、恒电流方式工作时的原理。

1. 恒电位工作方式

恒电位方式工作时的方框图如图 3－7－1 所示。电解池的研究电极接在电流电压转换器 A_2负向输入端的虚地点，因此研究电极的电位应维持地电位。电压跟随器 A_3进行阻抗变换，使流经参比电极的电流趋近于零，而其输出电位与输入电位，即研究电极与参比电极之间的电位相等，主放大器的负向输入端也为虚地点，两个极电阻数值相同，均为 10kΩ。因此研究电极与参比电极之间的电位与 *E* 给定必然相等，这样就达到了恒电位的目的。A_2是电流电压转换器。流过研究电极的电流与流过电流量程电阻 R 的电流必然相等，因此 A_2的输出电压正比于流过研究电极的电流，通过波段开关切换不同的 R，可以改变电流量程。主放大器采用 SF356 高输入阻抗高速运算放大器，以保证有较好的高频特性，并辅之以晶体管电路使输出功率得到扩展。A_3制作成探头式，装在一屏蔽金属匣内，使输入端尽量靠近参比电极，以减小分布电容，改善仪器的动态响应。

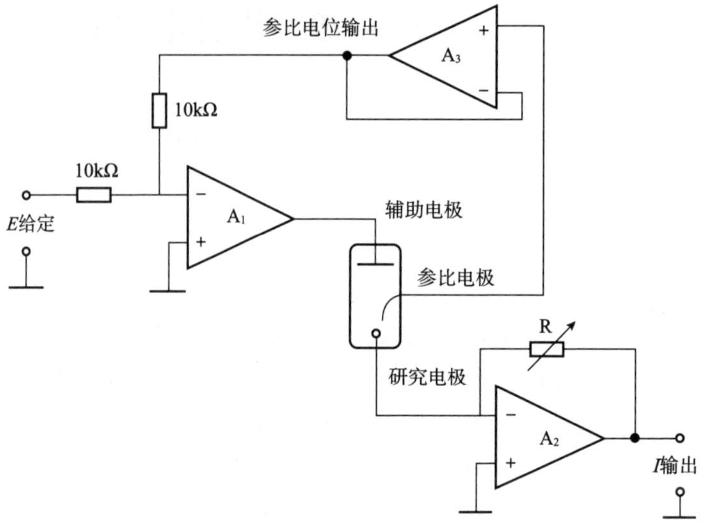

图 3-7-1　恒电位方式工作时的方框图

2. 恒电流工作方式

仪器可通过开关将恒电位工作方式切换成恒电流工作方式，如图 3-7-2 所示。A_2接成 1：1 反相放大器，其输出电位与输入电位 E 给定数值相等而符号相反，由于 A_2具有功率输出能力，该输出电位通过电流量程电阻 R 转换成电流接入主放大器 A_1负向输入端的虚地点，A_1使流过电解池辅助电极和研究电极的电流等于流过电阻 R 的电流，从而达到了恒电流的目的。A_3将研究电极与参比电极之间的电位经阻抗变换供测量用。

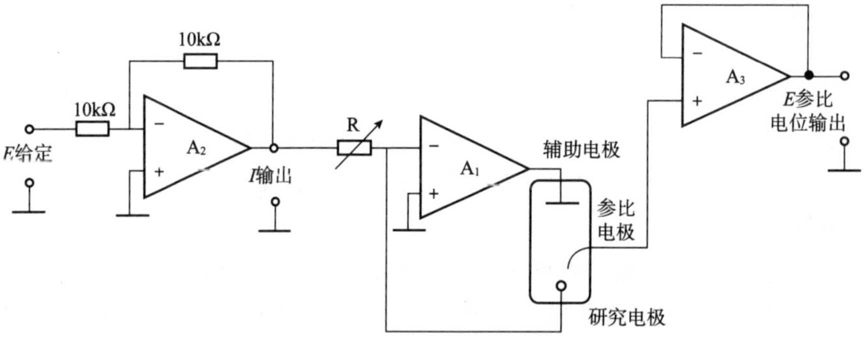

图 3-7-2　恒电流方式工作时的方框图

三、使用方法

1. 面板说明

前面板按照电化学工作者使用习惯从左到右分为给定部分、工作方式部分、显示部分、电流测量和溶液电阻补偿部分，如图 3-7-3 所示。

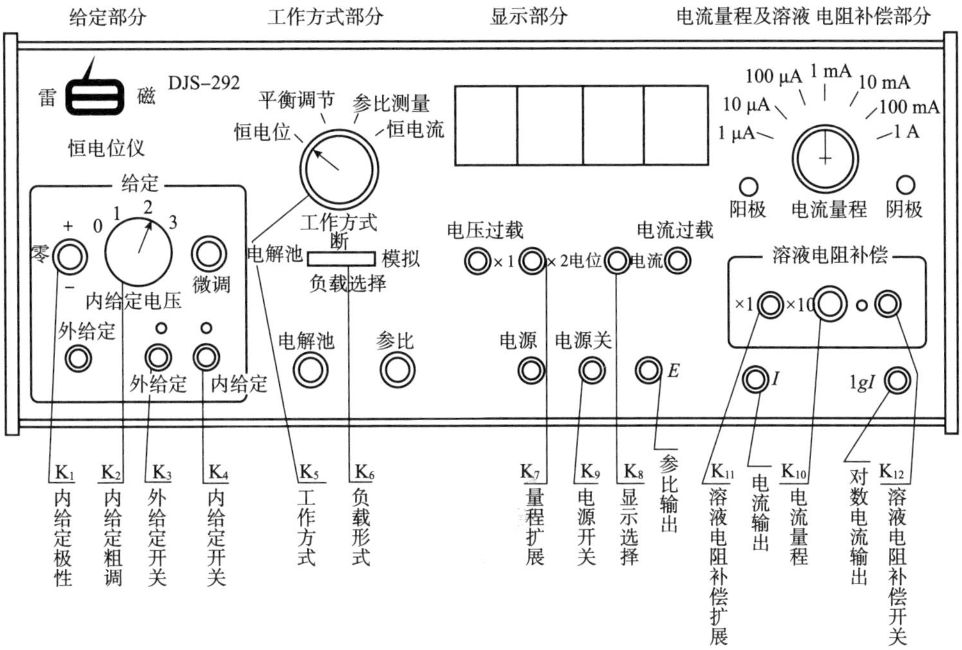

图 3－7－3 DJS－292 型恒电位仪前面板图

后面板有交流电源插口、交流电源保险丝、槽电压输出插口、槽电流保险丝（+、-两个），如图 3－7－4 所示。

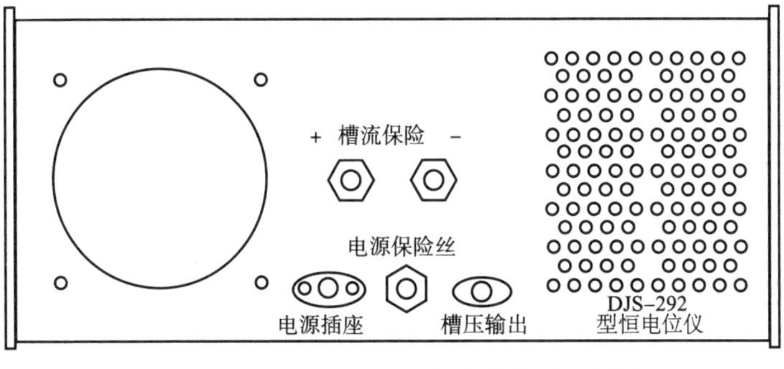

图 3－7－4 DJS－292 型恒电位仪后面板图

下面介绍前面板各开关的功能。

1）给定部分

K_1内给定极性开关，分“+”“零”“-”三挡。K_1处于“+”时，内给定电位为正；K_1处于“零”时，内给定电位为零；K_1处于“-”时，内给定电位为负。

K_2内给定电位粗调，分“0”“1”“2”“3”四挡。

K_2右边多圈电位器为内给定电位细调。

K_3外给定开关，合上时接通外给定讯号。

K_4内给定开关，合上时接通内给定讯号。

K_3、K_4同时合上时，仪器的给定指令信号为内给定、外给定电位的叠加值。

2）工作方式部分。

K_5工作方式选择开关，分“恒电位”“平衡调节”“参比测量”“恒电流”四挡。K_5处于“恒电位”或“恒电流”时，仪器分别以恒电位或恒电流方式工作，K_5处于“参比测量”时，仪器测量研究电极与参比电极之间的开路电位；K_5处于“平衡调节”时，将使实验者更容易地把给定电位调节到平衡电位上。

K_6负载形式开关，分“电解池”“断”“模拟”三挡。K_6处于“电解池”时，仪器与电解池接通；K_6处于“模拟”时，仪器接通内部的模拟电池（10kΩ 电阻）；K_6处于“断”时，仪器与外电解池及内模拟电解池断路。

3）显示部分。

K_7量程扩展开关。当 K_7处于 ×2 时，实验体系的电位或电流值为显示值的 2 倍。

K_8电位、电流显示切换开关。K_8处于“电位”时，数字电压表显示研究电极与参比电极之间的电位值；K_8处于“电流”时，数字电压表显示流过研究电极的电流值。

K_9交流电源开关，K_9左边为交流电源指示灯。

4）电流测量及溶液电阻补偿部分。

K_{10}电流量程开关，分 1μA、10μA、100μA、1mA、10mA、100mA、1A 七挡。流经研究电极的电流值等于数字电压表上的电流显示值乘上电流量程值。例如，数字电压表上的电流显示值为 0.500，电流量程设定为 100μA，则流经研究电极的电流为 50μA。

K_{11}溶液电阻补偿倍乘开关，当 K_{11}处于 ×10 挡时，补偿的溶液电阻值是 ×1 挡的 10 倍。

K_{12}溶液电阻补偿开关，当 K_{12}合上时，仪器执行溶液电阻补偿功能。

仪器前面板的给定部分有外给定输入插座；工作方式部分有电解池电缆插座和参比探头插座；显示部分有参比电位输出插座；电流测量与溶液电阻补偿部分有电流输出和对数电流输出插座。

2. 电化学实验装置的连接

仪器的外给定插座可以和信号发生器连接，提供恒电位仪不同波形的指令信号；仪器的电位输出、电流输出或对数电流输出可以与 $x-y$ 记录仪或示波器连接，记录实验数据。以上引线的红色夹子接高端，黑色夹子接低端。后面板“槽电压”接口引线可用于监视槽电压。

仪器的电解池插座接出的电缆接到电解池，其中蓝色导线接研究电极，红色导线接辅助电极，黑色导线与仪器地线相连，可用于屏蔽或不接。仪器的参比探头与电解池的参比电极相接。

一般的电化学实验装置可按图 3－7－5 连接。

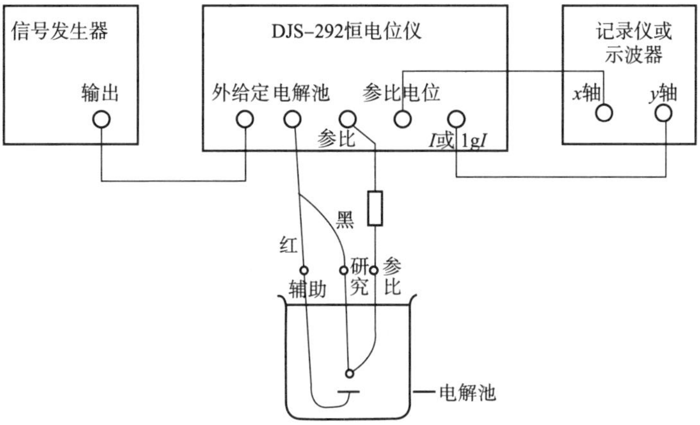

图 3-7-5　电化学实验装置的连接

3. 实验操作

(1) 实验前的准备　初次使用恒电位仪前必须仔细阅读使用说明书，掌握本仪器的基本原理和操作要领。正确连接电化学实验装置。检查 220V 电源是否正常，将 K_6 置于“断”，K_{10} 置于“1A”，打开电源开关，将仪器预热 30min。

(2) 参比电位的测量　将 K_5 置于“参比测量”，K_6 置于“电解池”，面板上的数字电压表的电位显示即参比电极相对于研究电极的开路电位，由于研究电极处于“虚地”点，研究电极相对于参比电极的开路电位值即与此数值相同，符号相反。

(3) 平衡电位的位置　将 K_5 置于“平衡调节”，合上内给定开关 K_6，让 K_6 置于“电解池”，调节内给定电位使数字电压表的电位显示为零，该给定电位即是所要设置的平衡电位。K_5 置于“平衡调节”时的方框图如图 3-7-6 所示，由于此时主放大器接成 1∶5 放大器，如果主放大器输出电位显示为 1mV，实际上给定电位离平衡电位仅差 0.2mV，这就使平衡电位设置更为准确。

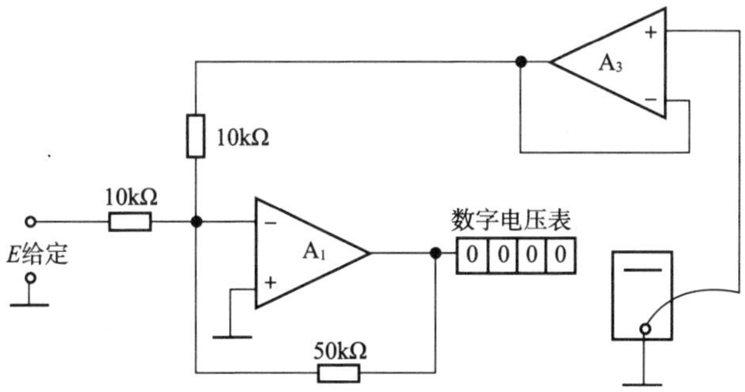

图 3-7-6　工作方式为“平衡调节”时的方框图

(4) 极化电位、电流的调节　如果要对电化学体系进行恒电位、恒电流极化测量，应先在模拟电解池上调节好极化电位、电流值。可将 K_5 置于“恒电位”(恒电位测量时) 或“恒电流”(恒电流测量时)，K_6 置于“模拟”，调节内给定或外给定信号发生器，由面板上的数字电压表的电位显示或电流显示，或由参比电位输出接记录仪或示波器监视极化电位、极化电流或极化波形是否适当。恒电流极化时应注意使电流量程开关处于合适的位置，即恒电流的极化电流值等于数字电压表的电流显示值乘以电流量程值。如要利用内给定作为电化学体系的平衡电位设置，而由信号发生器在此基础上给电化学体系施加不同的极化波形，可按前述方法将 K_5 置于“平衡调节”，由内给定准确地设置到平衡电位上，然后打开 K_3，由信号发生器接入极化信号，同样应先在模拟电池上调节好极化电位、极化电流或极化波形。

（5）电化学体系的极化测量　将 K_6 置于电解池，即接通电化学体系，记录实验曲线。但应注意在恒电位工作方式时选择适当的电流量程，一般应从大电流量程到小电流量程依次选择，使之既不过载又有一定的精确度。

第八节　WXG－4 圆盘旋光仪

仪器使用对象：实验 15　蔗糖水解反应速率常数的测定

某些物质在平面偏振光线通过它们时能将偏振光的振动面旋转一个角度，物质的这种性质称为旋光性，转过的角度称为旋光度，记作 α 。使偏振光的振动面向左旋的物质称为左旋物质，向右旋的物质称为右旋物质。因此通过测定物质旋光度的方向和大小，可以鉴定物质。许多物质具有旋光性，如石英晶体、酒石酸晶体、蔗糖、葡萄糖、果糖的溶液等。旋光物质的旋光度与旋光物质的性质、测定温度、光经过物质的厚度、光源的波长等因素有关，若被测物质是溶液，当光源波长、温度、厚度恒定时，其旋光度与溶液的浓度成正比。测定旋光度通常用旋光仪。

一、旋光仪的构造和测试原理

普通光源发出的光称为自然光，其光波在垂直于传播方向的一切方向上振动，如果我们借助某种方法，而获得只在一个方向上振动的光，这种光线称为偏振光。旋光仪的主体尼科尔（Nicol）棱镜就能起到这样的作用。

尼科尔棱镜是由两块方解石直角棱镜组成。棱镜两个锐角为 68°和 22°，两棱镜的直角边用加拿大树胶黏合起来，如图 3－8－1 所示。当一束自然光 S 沿平行于 *AC* 的方向入射到端面 *AB* 后，由于方解石晶体的双折射特性，这束自然光就被折射成两束振动方向互相垂直的偏振光。其中一束偏振光 O 遵守折射定律，称为寻常光线。另一束偏振光 e 不遵守折射定律，称为非寻常光线。由于寻常光线 O 在直角棱镜中的折射率（1.658）大于在加拿大树胶中的折射率（1.550），因此寻常光线 O 在第一块直角棱镜与加拿大树胶交界面上发生全反射，被棱镜涂黑的表面所吸收。非寻常光线 e 在直角棱镜中的折射率 1.516

小于在加拿大树胶中的折射率，不产生全反射现象，故能透过树胶和第二块棱镜，从端面 *CD* 射出，而获得一束单一的平面偏振光。在旋光仪中，用于产生偏振光的棱镜称为起偏镜。

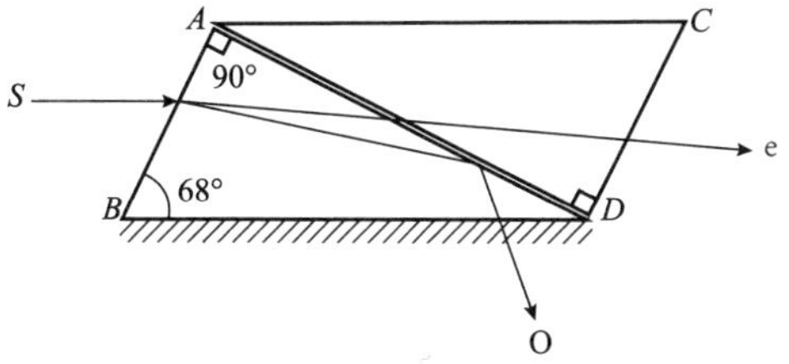

图 3-8-1　尼科尔棱镜的起偏原理图

在旋光仪中还设计了第二个尼科尔棱镜，其作用是检查偏振光经旋光物质后，其振动方向偏转的角度大小，称为检偏镜。它和旋光仪的刻度盘装在同一轴上，能随之一起转动。若一束光线经过起偏镜后，所得到的偏振光沿 OA 方向振动（见图 3-8-2）。由于检偏镜只允许沿某一方向振动的偏振光通过，设图 3-8-2 中的 OB 为检偏镜所允许通过的偏振光的振动方向。OA 和 OB 间的夹角为 θ，振幅为 E 的沿 OA 方向振动的偏振光可分解为相互垂直的两束平面偏振光，振幅分别为 $E\cos\theta$ 和 $E\sin\theta$，其中只有与 OB 相重合的分量 $E\cos\theta$ 可以通过检偏镜，而与 OB 垂直的分量 $E\sin\theta$ 则不能通过。由于光的强度 I 正比于光的振幅的平方，显然，当 $\theta=0°$ 时，$E\cos\theta=E$，透过检偏镜的光最强；当 $\theta=90°$ 时，$E\cos\theta=0$，此时就没有偏振光通过检偏镜。旋光仪就是利用透光的强弱来测定旋光物质的旋光度的。

在旋光仪中，起偏镜是固定的，如果调节检偏镜使得 $\theta=90°$，则检偏镜前观察到的视场呈黑暗。如果在起偏镜和检偏镜之间放一盛有旋光性物质的样品管，由于物质的旋光作用，使 OA 偏转一个角度 α（见图 3-8-3），这样在 OB 方向上就有一个分量，所以视场不呈黑暗，必须将检偏镜也相应地旋转一个 α 角，这样机场才能重又恢复黑暗。当旋转检偏镜时，刻度盘随同转动，其旋转的角度可从刻度盘上读出。

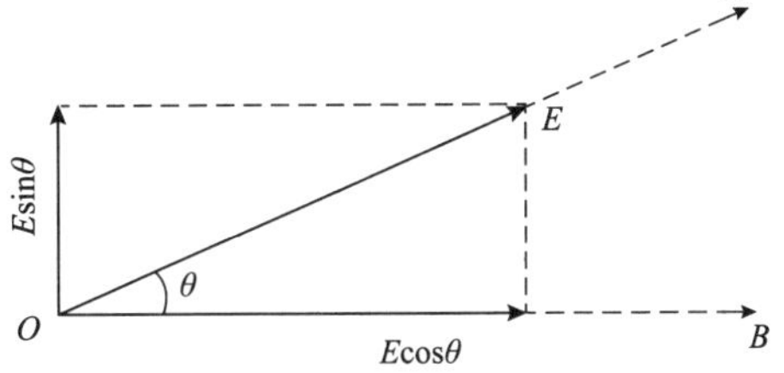

图 3-8-2　检偏镜

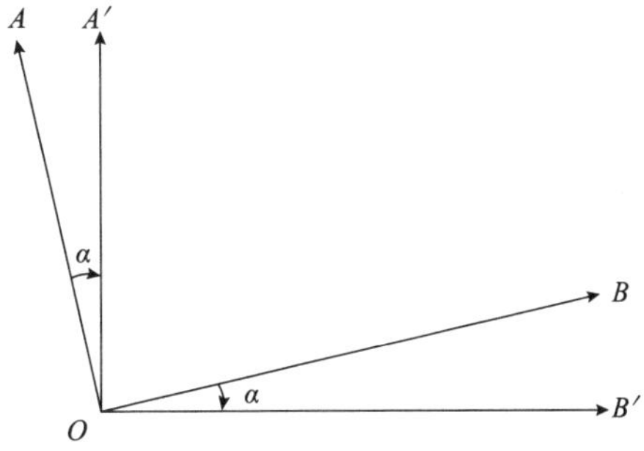

图 3-8-3　物质的旋光作用

由于人们的视力对鉴别二次全黑相同的误差较大（可差 4°～6°），因此设计了一种三分视野（也有二分视野的）来提高测量的精密度。三分视野的装置和原理如下：在起偏镜后的中部装一狭长的石英片，其宽度约为视野 1/3。由于石英片具有旋光性，从石英片中透过的那一部分偏振光被旋转了一个角度 ϕ，ϕ 为“半暗角”，如果 OA 和 OB 开始是重合的，此时从望远镜视野中将看到透过石英的那部分光稍暗，两旁的光很强。图 3－8－4（a）中，OA'是透过石英片后偏振光的振动方向。旋转检偏镜使 OB 与 OA'垂直，则 OA'方向上振动的偏振光不能透过检偏镜，因此视野中间是黑暗的，而石英片两边的偏振光 OA 由于在 OB 方向上有一个分量 ON，因而视野两边稍亮，见图 3－8－4（b）。同理，调节 OB 与 OA 垂直，则视野两边黑暗，中间稍亮，见图 3－8－4（c）。如果调节 OB 与半暗角的分角线 PP'垂直或重合，则 OA 与 OA'在 OB 上的分量 ON 和 ON'相等，因此，视野中三个区内明暗程度相同，此时三分视野消失，见图 22－28（d）、（e）。根据三分视野的概念，可用如下方法来测定物质的旋光度：在样品管中充满无旋光性的蒸馏水，调节检偏镜的角度（OB 与 PP'垂直）使三分视野消失，将此时的角度读数作为零点，再在样品管中换以被测试样，由于 OA 与 OA'方向的偏振光都被转过了一个角度 a，必须使检偏镜也相应地旋转一个角度 α，才能使 OB 与 PP'重新垂直，三分视野再次消失，这个 α 即为被测物质的旋光度。

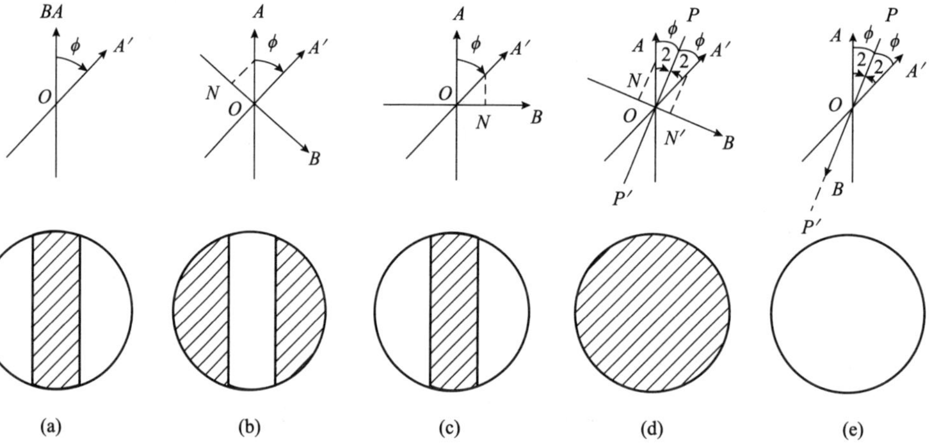

图 3－8－4　旋光仪的测量原理图

应当指出，如将 OB 再顺时针转过 90°，使 OB 与 PP'重合，此时三分视野虽然也消失，但因整个视野太亮，不利于判断三分视野是否消失，所以总是选取 OB 与 PP'垂直的情况作为旋光度的标准。

旋光度与温度有关，若在旋光仪的样品管外装置一恒温夹套，通以恒温水，则可测量指定温度下的旋光度。

光源的波长通常采用钠灯 D 线（589nm）。

旋光仪的纵断面如图 3－8－5 所示。

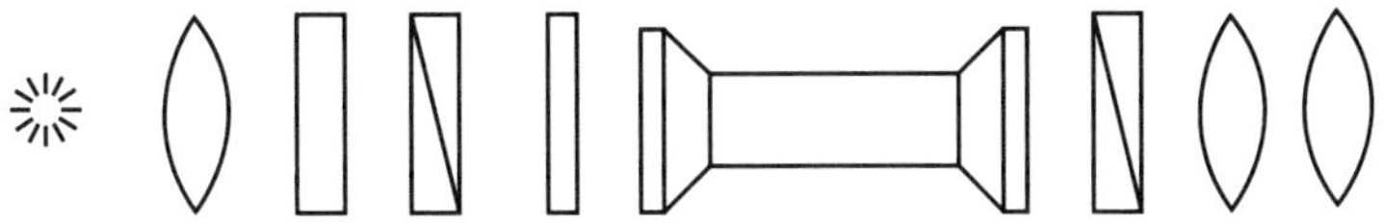

图 3－8－5　旋光仪的纵断面示意图

1—钠光灯；2—透镜；3—滤光片；4—起偏镜；5—石英片；
6—样品管；7—检偏镜；8，9—望远镜

二、使用方法

（1）接通电源（220V），打开钠光灯，待 2～3min 光源稳定后，调节目镜焦距，使三分视野清晰。

（2）校正仪器零点，在样品管中充满蒸馏水（无气泡），旋转检偏镜，使三分视野消失，记下角度值，即为仪器零点，用以校正系统误差。

（3）在样品管中装入试样，旋转检偏镜，使三分视野消失，读取角度值，将其减去仪器零点值，即为被测物质的旋光度。

（4）测定完毕后，关闭电源，将样品管洗净擦干，放入盒内。

第九节　阿贝折射仪

仪器使用对象：实验 4　双液系的气液平衡相图的绘制
实验 19　最大气泡压力法测溶液的表面张力
实验 22　摩尔折射度的测定
实验 24　偶极矩的测定

折射率是物质的重要物理常数之一，测定物质的折射率可以定量地求出该物质的浓度和纯度。许多纯的有机物具有一定的折射率，当含有杂质时其折射率发生变化，杂质越多，偏离越大。纯物质溶解在溶剂中时折射率也发生变化，异丙醇溶解在环己烷中，浓度愈大其折射率愈小。通过测定物质的折射率，还可以算出某些物质的摩尔折射度，反映分子极性的偶极矩，从而有助于研究物质的分子结构。实验室常用的阿贝（Abbe）折射仪，它既可以测定液体的折射率，也可以测定固体物质的折射率，同时可以测定蔗糖溶液的浓度。由于阿贝折射仪所需用的试样量小，操作简单方便，读数准确，所以它是物理化学实验室常用的光学仪器。

一、原理和构造

1. 光学原理

当一束单色光从各向同性的介质 1 进入各向同性的介质 2（两种介质的密度不同）时，如果光线传播方向不垂直于二介质的界面，则会发生折射现象［见图 3－9－1（a）］。在温度、压力和光的波长一定的条件下，若入射角和折射角分别为 θ_1、θ_2，光在介质 1 和介质 2 中的传播速率分别为 v_1 和 v_2，根据斯内尔（Snell）折射定律，可有下列关系式：

$$\frac{\sin\theta_1}{\sin\theta_2} = \frac{v_1}{v_2} = \frac{n_1}{n_2} = n_{1,2} \tag{1}$$

式中：n_1、n_2 分别为介质 1 和介质 2 的绝对折射率；$n_{1,2}$ 为介质 2 对介质 1 的相对折射率。若介质 1 为真空，因规定 $n_{真空} = 1.00000$，故 $n_{1,2} = n_2$。但介质 1 通常为空气，空气的绝对折射率为 1.00029，这样得到的各物质的折射率称为常用折射率。

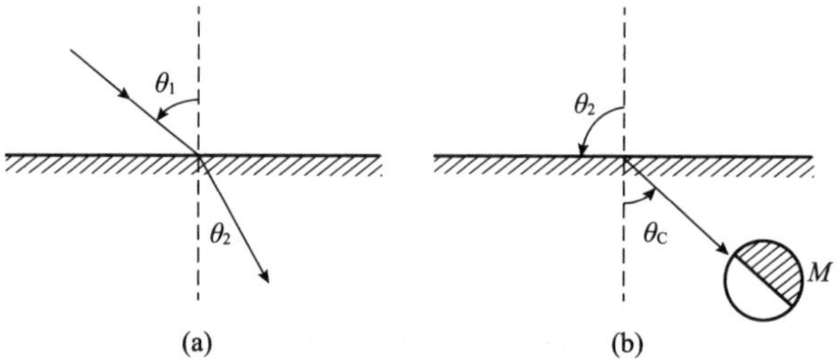

图 3－9－1　光的折射

由式（1）可知，当 $n_2 > n_1$ 时，折射角 θ_2 恒小于入射角 θ_1，当 θ_1 增大时，θ_2 亦相应增大，当 $\theta_1 = 90°$ 时，对应的折射角 θ_c 之内成为亮区，而 θ_c 称为临界折射角［见图 3－9－1（b）］。显然，对于入射角为 0～90°的入射光线，折射后都相应落在临界折射角 θ_c 之内，之外则成为暗区，这时若在 M 处置一目镜，则镜上将出现半明半暗的图像，临界折射角 θ_c 决定了半明半暗分界线的位置。

根据式（1），则有：

$$n_1 = n_2\sin\theta_c \tag{2}$$

若介质 1 为试样，介质 2 为玻璃棱镜，棱镜的折射率为已知，且大于待测液体的折射率，由式（2）可见，只要测得 θ_c 即可求出试样折射率。阿贝折射仪就是根据这个原理而设计的。

2. 仪器构造

图 3－9－2 是阿贝折射仪的外形图，图 3－9－3 是光的行程图。它的核心部分是由两块折射率为 1.75 的玻璃直角棱镜组成的棱镜组。下面一块是辅助棱镜 8（P_1），其斜面是磨砂的。上面一块是测量棱镜 10（P_2），其斜面是高度抛光的。两块棱镜之间留有微小缝隙（约 0.1～0.15mm），其中可以铺展一层待测液体试样。入射光线经反射镜 6 反射至辅助棱镜 8 后，在其磨砂斜面上发生漫射，以各种角度通过试样液层，在试样与测量棱镜的

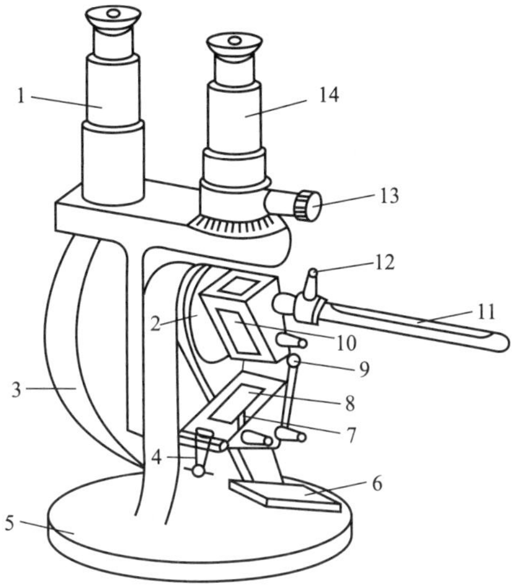

图 3－9－2　阿贝折射仪外形图

1—读数望远镜；2—转轴；3—刻度盘罩；4—锁钮；5—底座；6—反射镜；7—加液槽；
8—辅助棱镜（开启状态）；9—铰链；10—测量棱镜；11—温度计；12—恒温水入口；
13—消色散手柄；14—测量望远镜

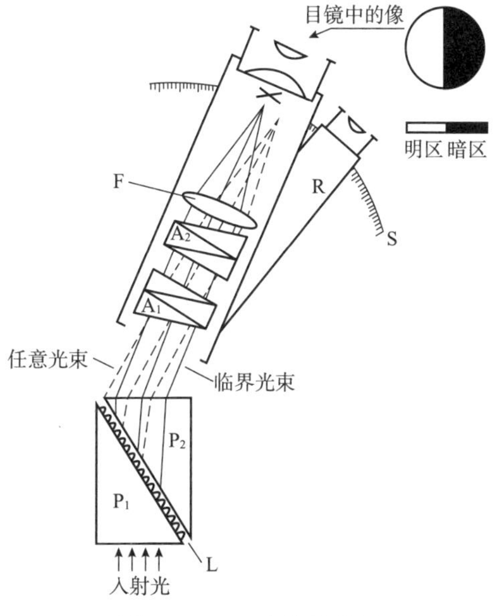

图 3－9－3　光的行程图

P_1—辅助棱镜；P_2—测量棱镜；A_1，A_2—阿密西棱镜；
F—聚焦棱镜；L—试样液层；R—转动臂；S—标尺

界面发生折射，所有折射光线的折射角都落在临界折射角 θ_c 之内。具有临界折射角 θ_c 的光线射出棱镜 P_2 经阿密西（Amici）棱镜（A_1、A_2）消除色散，再经聚焦之后射于目镜上，此时若目镜的位置适当，则在目镜中可看到半明半暗的图像，仪器中刻度盘与棱镜组是同轴的。实验时，转动读数手柄，调节棱镜组的角度，使明暗分界线正好落在目镜十字线的交叉点上，这时从读数标尺上就可读出试样的折射率。阿贝斯折射仪的标尺上除标有1.300~1.700折射率的数值外，在标尺旁边还标有对应不同折射率的20℃糖溶液的质量分数的读数，因此可以直接测定糖溶液的浓度。

在指定的条件下，液体的折射率因所用单色光的波长不同而不同。若用普通白光作光源（波长400~700nm），由于发生色散而使明暗分界线处呈现彩色光带，使明暗交界不清楚。为此，在仪器的目镜下方设计一套消色散装置，它由两块相同的可以反向转动的阿密西棱镜组成，调节两棱镜的相对位置就可使色散消失，这时所测得的折射率和用钠光D线（589nm）所测得的折射率相同。

因为折射率与温度有关，故在仪器棱镜组外面装有恒温夹套，通以恒温水，以便测定物质在指定温度下的折射率，记作 n_D^t 。压力对折射率的影响甚微，常不予考虑。

二、使用方法

（1）将阿贝折射仪置于光亮处（但应避免阳光直接照射）。调节超级恒温槽至所需温度，将阿贝折射仪接通恒温水，水温读数以阿贝折射仪上的温度计为准。

（2）松开棱镜组的锁钮4，开启辅助棱镜，使磨砂斜面呈水平，用少量丙酮清洗镜面，再用擦镜纸轻轻揩干（切勿用滤纸）。滴加数滴试样于镜面上，闭合棱镜组，旋紧锁钮。若试样易挥发，则可从加液小槽直接加入。

（3）调节反射镜，让光线射入棱镜组。同时调节目镜的焦距，使目镜中十字线清晰明亮。

（4）转动读数手柄，使明暗界线正好落在十字线的交叉点上。在调节过程中，当观察视场中出现彩带时，应即时调节消色散手柄，使彩带消失。

（5）打开刻度标尺罩壳上方的小窗，让光线射入。转动小窗盖，使刻度标尺有足够亮度。然后从读数望远镜中读出标尺上相应示值。由于眼睛在判断明暗分界线是否处于十字线的交叉点上时，易于疲劳，为了减少偶然误差，应转动读数手柄，重复测定三次（三个读数相差不能大于0.0002），然后取其平均值。

（6）仪器校正。

阿贝折射仪的刻度盘上标尺的零点，有时会发生移动，须加以校正。校正方法是用已知折射率的标准玻璃块（仪器附件），将玻块的光面用一滴 a-溴代萘附着在测量棱镜上，不需合上辅助棱镜，但要打开测量棱镜背面小窗，使光线从小窗射入，就可测定旋转读数手柄，使标尺读数等于玻璃块上注明的折射率，然后用一小钟表起子旋动目镜前凹槽中的调整螺丝，使明暗界线正好与十字线的交点相合，即校正完毕。

亦可用已知折射率的标准液体，如蒸馏水来校正。水在各种温度下的折射率见本书附录“物理化学实验常用数据表附表”中的表12。

（7）对有腐蚀性的液体，如强酸、强碱以及氟化物，不能使用阿贝折射仪来测定折射率。

第十节 7200 型分光光度计

仪器使用对象：实验 10 用分光光度法测定弱电解质的电离常数
实验 16 丙酮碘化反应速率常数的测定

一、原理

分光光度法分析的原理是利用物质对不同波长光的选择吸收现象进行物质的定性和定量分析，通过对吸收光谱的分析，判断物质的结构及化学组成。

本仪器是根据相对测量原理工作的，即选定某一溶剂（蒸馏水、空气或试样）作为参比溶液，并设定它的透射比（即透过率 T）为 100%，而被测试样的透射比是相对于该参比溶液而得到的。透射比（透过率 T）的变化与被测物质的浓度有一定的函数关系，在一定的范围内，它符合朗伯 – 比耳定律。

$$T = I/I_0$$

$$A = KCL = \lg(1/T)$$

式中：T 为透射比；A 为吸光度；C 为溶液浓度；K 为溶液的吸光系数；L 为液层在光路中的长度；I 为光透过被测试样后照射到光电转换器上的强度；I_0 为光透过参比测试样后照射到光电转换器上的强度。

二、仪器操作程序

WFJ7200 型分光光度计有透射比、吸光度、已知标准样品的浓度值或斜率测量样品浓度等测量方式，可根据需要选择合适的测量方式。

在开机前，需先确认仪器样品室内是否有物品挡在光路上，光路上有阻挡物将影响仪器自检甚至造成仪器故障。

1. 基本操作

无论选用何种测量方式，都必须遵循以下基本操作步骤：

（1）连接仪器电源线，确保仪器供电电源有良好的接地性能。

（2）接通电源，使仪器预热 20min（不包括仪器自检时间）。

（3）用“MODE”键设置测试方式：透射比（T）、吸光度（A）、已知标准样品浓度值方式（C）和已知标准样品斜率（F）方式。

（4）用波长选择旋钮设置所需的分析波长。

（5）将参比样品溶液和被测样品溶液分别倒入比色皿中，打开样品室盖，将盛有溶液的比色皿分别插入比色皿槽中，盖上样品室盖。一般情况下，参比样品放在第一个槽位中。仪器所附的比色皿，其透射比是经过配对测试的，未经配对处理的比色皿将影响样品的测试精度。比色皿透光部分表面不能有指印、溶液痕迹，被测溶液中不能有气泡、悬浮物，否则也将影响样品测试的精度。

（6）将%T 校具（黑体）置入光路中，在 T 方式下按“%T”键，此时显示器显示“000.0”。

（7）将参比样品推（拉）入光路中，按“0A/100%T”键调 0A/100%T，此时显示器显示“BLA”，直至显示“100.0”%T 或“0.000”A 为止。

（8）当仪器显示器显示出“100.0”%T 或“0.000”A 后，将被测样品推（拉）入光路中，便可从显示器上得到被测样品的透射比或吸光度值。

2. 样品浓度的测量方法

1）已知标准样品浓度值的测量方法

（1）用“MODE”键将测试方式设置至 A（吸光度）状态。

（2）用波长旋钮设置样品的分析波长，根据分析规程，每当分析波长改变时，必须重新调整 0A/100% 和 0%T。

（3）将参比样品溶液、标准样品溶液和被测样品溶液分别倒入比色皿中，打开样品室盖，将盛有溶液的比色皿分别插入比色皿槽中，盖上样品室盖。一般情况下，参比样品放在第一个槽位中。仪器所附的比色皿，其透射比是经过配对测试的，未经配对处理的比色皿将影响样品的测试精度，比色皿透光部分表面不能有指印、溶液痕迹，被测溶液中不能有气泡、悬浮物，否则也将影响样品测试的精度。

（4）将参比样品推（拉）入光路中，按“0A/100%T”键调 0A/100%T，此时显示器显示“BLA”，直至显示“0.000”A 为止。

（5）用“MODE”键将测试方式设置至 C 状态。

（6）将标准样品推（或拉）入光路中。

（7）按“2NC”或“DEC”键将已知的标准样品浓度值输入仪器，当显示器显示样品浓度值时，按“ENT”键。浓度值只能输入整数值，设定范围为 0 ~ 1999。

（8）将被测样品依次推（或拉）入光路中，便可从显示器上分别得到被测样品的浓度值。

2）已知标准样品浓度斜率（*K* 值）的测量方法

（1）用“MODE”键将测试方式设置至 A（吸光度）状态。

（2）用波长旋钮设置样品的分析波长，根据分析规程，每当分析波长改变时，必须重新调整 0A/100%T 和 0%T。

（3）将您的参比样品溶液和被测样品溶液分别倒入比色皿中，打开样品室盖，将盛有溶液的比色皿分别插入比色皿槽中，盖上样品室盖。一般情况下，参比样品放在第一个槽位中。仪器所附比色皿，其透射比是经过配对测试的，未经配对处理的比色皿将影响样品的测试精度，比色皿透光部分表面不能指印、溶液痕迹，被测溶液中不能有气泡、悬浮物，否则也将影响样品测试的精度。

(4) 将参比样品推（拉）入光路中，按“0A/100%T”键调0A/100%T，此时显示器显示“BLA”，直至显示“0.000”A为止。

(5) 用“MODE”键将测试方式设置至F状态。

(6) 按“2NC”或“DEC”键输入已知的标准样品斜率值，当显示器显示标准样品斜率时，按“ENT”键。这时，测试方式指示灯自动指向“C”，斜率只能输入整数值。

(7) 将被测样品依次推（或拉）入光路，便可从显示器上分别得到被测样品的浓度值。

三、仪器的调校

1. 波长精度检验与校正

仪器采用镨钕滤光片530.1nm及807.4nm两个特征吸收峰，通过逐点测试法来进行波长检验及校正。

该分光光度计的分光系统采用光栅作为色散元件，色散呈线性分布，因此仪器的波长分度盘刻度也呈线性分布。可按下列步骤检验和校正仪器的波长精度：

(1) 开机并使仪器预热20min；

(2) 按“MODE”键将测试方式置于透射比（%T）状态；

(3) 将波长设置在525nm（或803nm）处，一般情况下，在标准物质吸收峰约±5nm附近由短波向长波方向每隔1nm逐点测试；

(4) 打开样品室盖，将镨钕滤光片插入样品槽中；

(5) 盖好样品室盖，将参比物（以空气作为参比）拉（推）入光路中（一般情况下，第一个样品槽作为参比，第二个样品槽放置标准物质）；

(6) 按“0A/100%T”键调100%T；

(7) 将镨钕滤光片拉（推）入光路中；

(8) 观察并记录下此时镨钕滤光片的透射比值；

(9) 重复（1）~（8）步进行逐点测试，直至找到最小读数为止。

当通过上述逐点测试法记录下的波长与镨钕滤光片特征吸收波长值不一致并超出仪器技术指标规定的误差范围时（±2nm），则可按下列方法进行校正：

①打开仪器外壳；

②松开波长刻度盘Ⓐ上的固定螺钉Ⓑ（见图3－10－1）；

③转动刻度盘，使刻度指示与特征吸收峰的波长值之间的误差在允许范围内；

④旋紧固定螺钉，装上外壳，重复上述的（1）~（8）步骤，实测仪器波长精度在允许范围内即可。

图 3-10-1　固定螺钉

2. 吸光度精度的检验

（1）将波长设置在 546nm 处；

（2）将测试方式置于"T%"状态；

（3）打开样品室盖，将 0% T 校具和 0.5A 左右的中性滤光片分别插入样品槽中；

（4）将 0% T 校具置于光路中；

（5）盖好样品室盖，按"0% T"键调整"000.% T"透射比；

（6）将参比物（以空气作为参比）拉（推）入光路中（在一般的测试情况下，第一个样品槽作为参比，第二个样品槽放置标准物质）；

（7）按"0A/100% T"键调 100% T；

（8）将测试方式置于"A"状态；

（9）将 0.5A 中性滤光片拉（推）光路中，观察并记录其吸光度值；

（10）将测试方式调整至"T%"状态，测得其透射比值，根据 $A = \lg(1/T)$ 计算出其吸光度值，如果实测值与计算值的误差超出仪器技术指标允许的误差范围时（两者允许误差为 ±0.0002A），请与专业人员联系，切勿自行打开仪器外壳。

四、注意事项

（1）按要求为仪器提供一个良好的工作环境。

（2）鉴于仪器在出厂前已调试到最佳状态，所以用户不能擅自调整，更不能拆卸其中的零件，尤其不能碰伤光学镜面，也不可随意擦拭。

（3）产品在制造厂原包装条件下，在室内储存，其环境温度为 5～35℃，相对湿度不超过 85%，且在空气中不应有足以引起腐蚀的有害物质。

第十一节　饱和蒸气压测定仪

一、仪器简介

在密闭条件中，在一定温度下，与固体或液体处于相平衡的蒸气所具有的压力称为蒸气压。同一物质在不同温度下有不同的蒸气压，并随着温度的升高而增大。不同液体饱和蒸气压不同，溶质难溶时，纯溶剂的饱和蒸气压大于溶液的饱和蒸气压；对于同一物质，固态的饱和蒸气压小于液态的饱和蒸气压。

饱和蒸汽压测定仪将调压、测压、恒温水浴、气体缓冲罐、平衡管以及冷凝管等一体化设计，具有体积小、使用简便、显示清晰直观、实验数据稳定、可靠等特点，同时恒温水浴箱中加装冷凝盘管，极大地节省了水浴降温时间。

二、仪器指标

1. 技术指标

测温范围：－50～150℃；

水浴控温范围：室温～100℃；

温度分辨率：0.01℃；

压力范围：0～－101.30kPa；

压力分标率：0.01kPa；

加热功率：250W。

2. 使用条件

电源：AC 220V±10%，50Hz；

环境：温度－5～50℃，湿度≤85%，无腐蚀性气体的场合。

三、仪器连接

（1）如图3－11－1所示，首先固定好支柱与万用夹，然后用胶皮管连接冷凝管的进水口与出水口，接着插上抽气口的胶皮管，并将胶皮管的另一端与气嘴连接。

（2）如图3－11－1所示，固定平衡管（平衡管与冷凝管为一体的），然后固定加热棒以及温度传感器，最后插上温度传感器的航空插头。

（3）往水浴箱中加入适量的水，放入磁力搅拌子，盖上盖子。

（4）如图3－11－2所示，连接真空泵、水泵以及电源。抽气口接真空泵（仪器内置有缓冲罐，无需再加缓冲），进水1连通的是冷凝管的进水口，进水2连通的是冷凝盘管的进水口，出水口是二者共用。如图 3－11－3 所示，航空插头可以接通冷凝管盘管的水泵，用于控制该水泵是否工作。九针串口与计算机通信。220V 电源插座接通仪器电源，内置有保险管，防止意外发生。

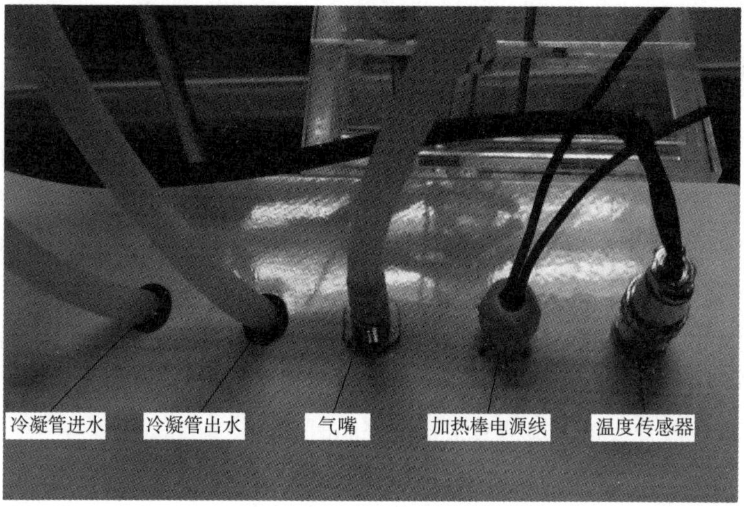

图 3－11－1　冷凝管的进出水管连接

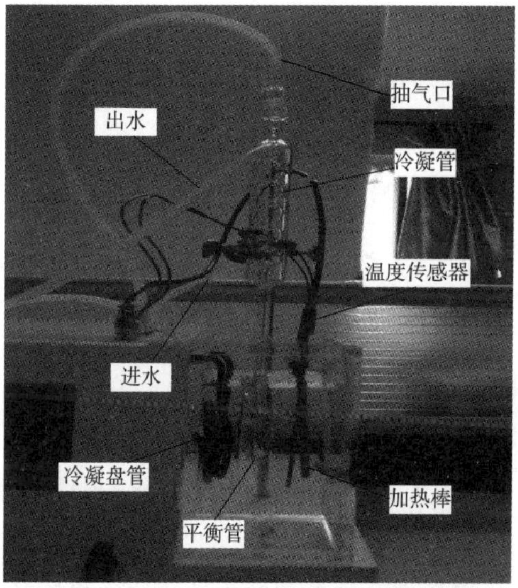

图 3－11－2　仪器接线后整体图

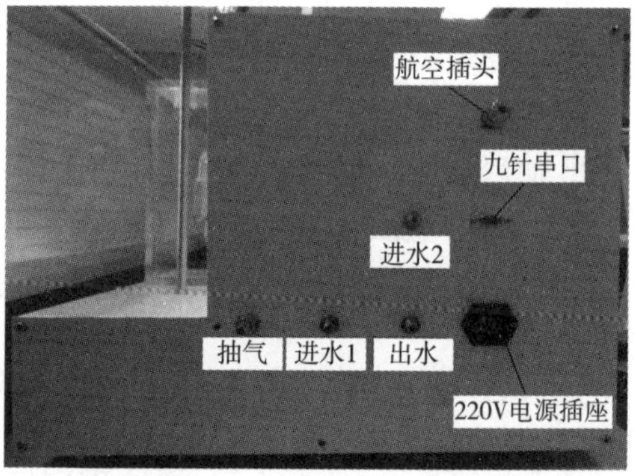

图 3－11－3　仪器背面接口

四、操作说明

1. 实验操作

（1）将仪器连接好，打开电源，液晶显示屏如图 3－11－4 所示，压力与温度直接显示在液晶屏上。

(2) 将待测液倒入平衡管中，U 形管装少量待测液，另一个管内装适量待测液。

(3) 打开真空泵，调节本仪器前面板上面的增压与减压针阀，如图 3－11－5 所示，观察 U 形管中液面的位置，当液面相平时，在液晶显示屏上读取压力值，此数值即为此压力下的饱和蒸汽压。

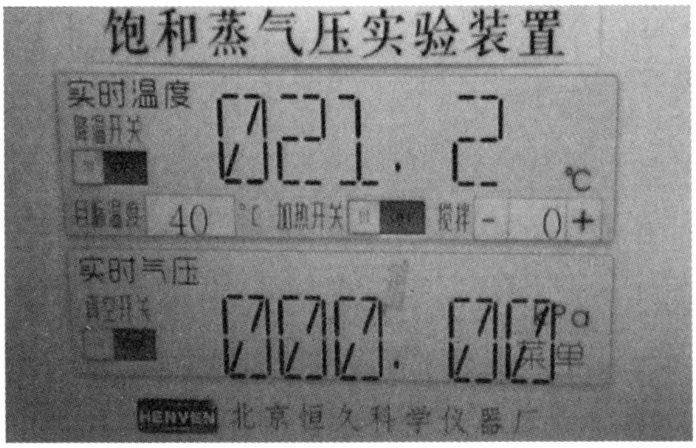

图 3－11－4　仪器显示屏主页面

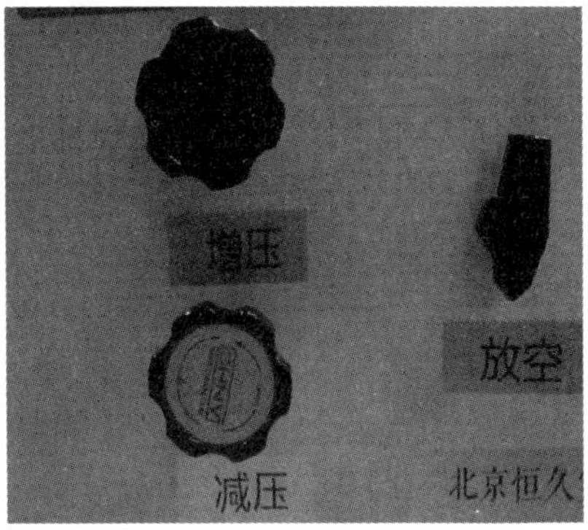

图 3－11－5　增压与减压针阀

(4) 当需要测试不同温度下的饱和蒸汽压时，将平衡管下端的 U 形管完全浸在恒温水浴中。点击主页面中目标温度后面的数字，显示如图 3－11－6 所示页面，输入目标温度，点击“储存”，然后返回上一页面。最后点击加热开关后面的加热开关开始加热。在此过程中，需要打开搅拌，搅拌转速通过主页面中搅拌后面的“－”“＋”按钮来实现，0 为关闭，100 为全开。

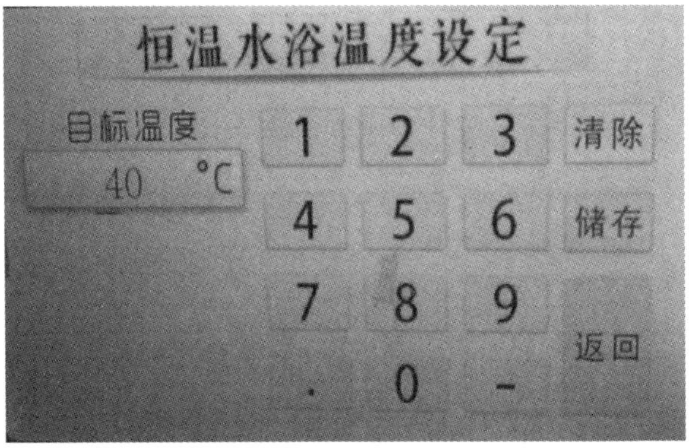

图 3－11－6　水浴温度设定界面

(5) 实验结束后，打开前面板的放空阀，将整个装置连通大气。放空阀以及增压阀连通大气处均装有气体过滤头，用于防止大气中的杂质进入仪器内部影响实验。

2. 触屏操作

(1) 点击主页面中的菜单键，进入功能设定菜单，如图 3－11－7 所示，可进行压力校准、显示厂商信息以及返回主页等操作。

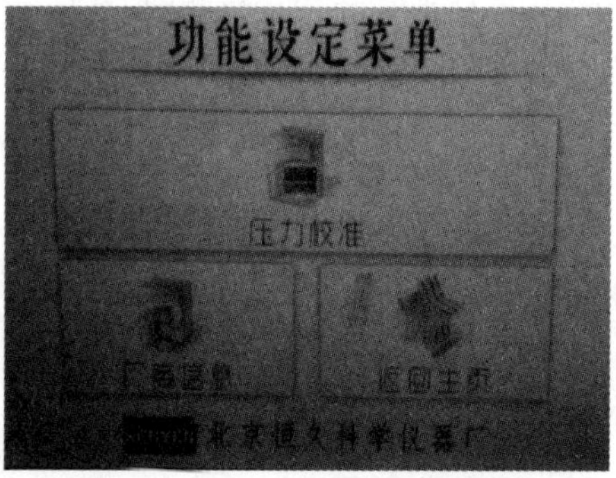

图 3－11－7　功能设定菜单

（2）点击“压力校准”，如图 3－11－8 显示，输入理论压力以及对应的实测压力，然后点击“储存”，即完成了一次校准。通过点击左、右箭头最多可完成 32 个压力校准点。校准完毕后点击“返回”回到上一级。

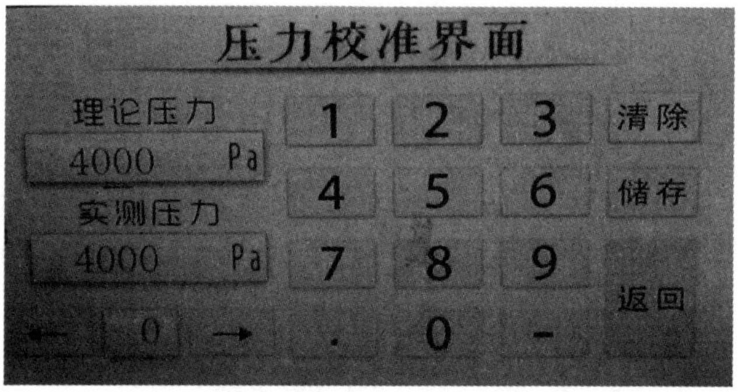

图 3－11－8　压力校正界面

（3）如果仪器后面的航空插头接通了水泵，则可以通过点击主页面中的降温开关来控制是否往水浴箱中的冷凝盘中通入冷却水。

五、注意事项

（1）如果压力出现波动，则应检查整个装置的气密性。

（2）真空泵使用时一定要检查机油是否充足，防止烧坏真空泵。

附　录　物理化学实验常用数据表

表 1　国际单位制的基本单位

量的名称	单位名称	单位符号
长　度	米	m
质　量	千克（公斤）	kg
时　间	秒	s
电　流	安［培］	A
热力学温度	开［尔文］	K
物质的量	摩［尔］	mol
发光强度	坎［德拉］	cd

表 2　国际单位制中具有专门名称的导出单位

量的名称	单位名称	单位符号	其他表示示例
频　率	赫［兹］	Hz	s^{-1}
力，重力	牛［顿］	N	$kg \cdot m \cdot s^{-2}$
压力，压强，应力	帕［斯卡］	Pa	$N \cdot m^{-2}$
能量，功，热	焦［耳］	J	$N \cdot m$
功率，辐射通量	瓦［特］	W	$J \cdot s^{-1}$
电荷量	库［仑］	C	$A \cdot s$
电位，电压，电动势	伏［特］	V	$W \cdot A^{-1}$
电　容	法［拉］	F	$C \cdot V^{-1}$
电　阻	欧［姆］	Ω	$V \cdot A^{-1}$
电　导	西［门子］	S	$A \cdot V^{-1}$
磁通量	韦［伯］	Wb	$V \cdot s$
磁通量密度、磁感应强度	特［斯拉］	T	$Wb \cdot m^{-2}$
电　感	亨［利］	H	$Wb \cdot A^{-1}$
摄氏温度	摄氏度	℃	

表 3　国家选定的非国际单位制单位（摘录）

量的名称	单位名称	单位符号	换算关系和说明
时间	分	min	1min = 60s
	［小］时	h	1h = 60min = 3600s
	天（日）	d	1d = 24h = 86400s
质量	吨	t	$1t = 10^3 kg$
	原子质量单位	u	$1u \approx 1.660540 \times 10^{-27} kg$
能	电子伏特	eV	$1eV \approx 1.602177 \times 10^{-19} J$
体积	升	L（l）	$1L = 1dm^3 = 10^{-3} m^3$

注：（1）周、月、年为一般常用时间单位。

（2）［　］内的字，是在不致混淆的情况下，可以省略的字。

（3）（　）内的字为前者的同义语。

表 4　用于构成十进倍数的分数单位和 SI 词头

所表示的因数	词头名称	词头符号
10^{18}	艾［可萨］	E
10^{15}	拍［它］	P
10^{12}	太［拉］	T
10^{9}	吉［咖］	G
10^{6}	兆	M
10^{3}	千	k
10^{2}	百	h
10^{1}	十	da
10^{-1}	分	d
10^{-2}	厘	c
10^{-3}	毫	m
10^{-6}	微	μ
10^{-9}	纳［诺］	n
10^{-12}	皮［可］	p
10^{-15}	飞［母托］	f
10^{-18}	阿［托］	a

表 5　常用物理常数

量的名称	符号	量值
摩尔气体常数	R	$8.31441 J \cdot mol^{-1} \cdot K^{-1}$
阿伏伽德罗常数	N_A	$6.002045 \times 10^{23} mol^{-1}$
玻耳兹曼常数	k	$1.380662 \times 10^{-23} J \cdot K^{-1}$

续表

量的名称	符号	量值
理想气体的摩尔体积	V_m	$0.02241383m^3 \cdot mol^{-1}$
元电荷	e	$1.6021892 \times 10^{-10}C$
法拉第常数	F	$9.648456 \times 10^4 C \cdot mol^{-1}$
真空介电常数	ε_0	$8.8542 \times 10^{-12} F \cdot m^{-1}$
电磁波在真空中的传播速度	c	$2.99792458 \times 10^8 m \cdot s^{-1}$
普朗克常数	H	$6.62676 \times 10^{-34} J \cdot s$
[统一的] 原子质量常数	m_u	$1.6605655 \times 10^{-27} kg$
玻尔磁子	μ_B	$9.274078 \times 10^{-24} A \cdot m^2$
质子 [静止] 质量	m_p	$1.672648 \times 10^{-27} kg$
电子 [静止] 质量	m_e	$0.9109534 \times 10^{-30} kg$
重力加速度（45°海平面）	g	$9.8062 m \cdot s^{-2}$

表 6 压力单位换算

帕斯卡（Pa）	毫米水柱（mmH_2O）	标准大气压（atm）	毫米汞柱（mmHg）
1	0.102	0.99×10^5	0.0075
98.067	10^4	0.9678	735.6
9.807	1	0.9678×10^{-4}	0.0736
101.325	10.332	1	760
133.32	13.6	0.00132	1

注：$1Pa = 1N \cdot m^{-2}$；1mmHg = 1Torr；$1bar = 10^5 N \cdot m^{-2}$。

表 7 水的蒸气压

t/℃	p/mmHg	p/Pa	t/℃	p/mmHg	p/Pa
0	4.579	610.5	11	9.884	1312.4
1	4.926	656.7	12	10.518	1402.3
2	5.294	705.8	13	11.231	1497.3
3	5.685	757.9	14	11.987	1598.1
4	6.101	813.4	15	12.788	1704.9
5	6.543	872.3	16	13.634	1817.7
6	7.013	935.0	17	14.530	1937.2
7	7.513	1001.6	18	15.477	2063.4
8	8.045	1072.6	19	16.477	2198.7
9	8.609	1227.8	20	17.535	2337.8
10	9.209	1227.8	21	18.650	2486.5

续表

t/℃	p/mmHg	p/Pa	t/℃	p/mmHg	p/Pa
22	19. 827	2643. 4	55	118. 04	15737
23	21. 068	2808. 8	56	123. 80	16505
24	22. 377	2983. 3	57	129. 82	17308
25	23. 756	3167. 2	58	136. 08	18143
26	25. 209	3360. 9	59	142. 06	19012
27	26. 739	3564. 9	60	149. 38	19916
28	28. 349	3779. 5	61	156. 43	20856
29	30. 043	4005. 3	62	163. 77	21834
30	31. 824	4242. 8	63	171. 38	22849
31	33. 695	4492. 3	64	179. 31	23906
32	35. 663	4754. 7	65	187. 54	25003
33	37. 729	5030. 1	66	196. 09	26043
34	39. 898	5319. 3	67	204. 96	27326
35	42. 175	5662. 9	68	214. 17	28554
36	44. 563	5941. 2	69	223. 73	29828
37	47. 067	6275. 1	70	233. 7	31157
38	49. 692	6625. 0	71	243. 9	32517
39	52. 442	6991. 7	72	254. 6	33944
40	55. 324	7375. 9	73	265. 7	35424
41	58. 34	7778. 0	74	277. 2	36957
42	61. 50	8199. 3	75	289. 1	38543
43	64. 80	8639. 3	76	301. 4	40183
44	68. 26	9100. 6	77	314. 1	41876
45	71. 88	9583. 2	78	327. 3	43636
46	75. 65	10086	79	341. 0	45463
47	79. 60	10612	80	355. 1	47343
48	83. 71	11160	81	369. 7	49289
49	88. 02	11735	82	384. 9	51316
50	92. 51	12334	83	400. 6	53409
51	97. 20	12959	84	416. 8	55569
52	102. 09	13611	85	433. 6	57808
53	107. 20	14292	86	450. 9	60115
54	112. 51	15000	87	468. 7	62488

续表

t/℃	p/mmHg	p/Pa	t/℃	p/mmHg	p/Pa
88	487.1	64941	95	633.90	84513
89	506.1	67474	96	657.62	87675
90	525.76	70095	97	682.07	90935
91	546.05	72801	98	707.07	94268
92	566.99	75592	99	733.24	97757
93	588.60	78473	100	760.00	101325
94	610.90	81446			

表 8 几种物质的蒸气压

物质的蒸气压按下式计算：

$$\lg(p/\text{mmHg}) = A - [B/(C + t/℃)]$$

式中：A、B、C 为常数。

名 称	分子式	温度范围/℃	A	B	C
氯 仿	$CHCl_3$	-30 ~ 150	6.90328	1163.03	227.4
乙 醇	C_2H_6O	-30 ~ 150	8.04494	1554.3	222.65
丙 酮	C_3H_6O	-30 ~ 150	7.02447	1161.0	200.224
醋 酸	$C_2H_4O_2$	0 ~ 36	7.80307	1651.2	225
醋 酸	$C_2H_4O_2$	36 ~ 170	7.18807	1416.7	211
苯	C_6H_6	-20 ~ 150	6.90565	1211.033	220.790
甲 苯	C_7H_8	-20 ~ 150	6.95464	1344.800	219.482
乙 苯	C_8H_{10}	-20 ~ 150	6.95719	1424.255	213.206
环己烷	C_6H_{12}	20 ~ 81	6.84130	1201.53	222.65
异丙醇	C_3H_8O	0 ~ 101	8.11778	1580.92	219.61
水	H_2O	0 ~ 60	8.10765	1750.286	235.0
水	H_2O	60 ~ 150	7.96681	1668.21	228.0
乙酸乙酯	$C_4H_8O_2$	-20 ~ 150	7.09808	1238.71	217.0
汞	Hg	100 ~ 200	7.46905	2771.898	244.831
汞	Hg	200 ~ 300	7.7324	3003.68	262.482

表 9　气压计读数的温度校正值

t/℃	p（观察值）/mmHg				
	740	750	760	770	780
15	1. 81	1. 84	1. 86	1. 88	1. 91
16	1. 93	1. 96	1. 98	2. 01	2. 03
17	2. 05	2. 08	2. 10	2. 13	2. 16
18	2. 17	2. 20	2. 23	2. 26	2. 29
19	2. 29	2. 32	2. 35	2. 38	2. 41
20	2. 41	2. 44	2. 47	2. 51	2. 54
21	2. 53	2. 56	2. 60	2. 63	2. 67
22	2. 65	2. 69	2. 72	2. 76	2. 79
23	2. 77	2. 81	2. 84	2. 88	2. 92
24	2. 89	2. 93	2. 97	3. 01	3. 05
25	3. 01	3. 05	3. 09	3. 13	3. 17
26	3. 13	3. 17	3. 21	3. 26	3. 30
27	3. 25	3. 29	3. 34	3. 38	3. 42
28	3. 37	3. 41	3. 46	3. 51	3. 56
29	3. 49	3. 54	3. 58	3. 63	3. 68
30	3. 61	3. 66	3. 71	3. 75	3. 80

表 10　某些有机物在水中的表面张力

溶　质	t/℃	% / σ							
醋　酸	30	%	1. 00	2. 475	5. 001	10. 01	30. 09	49. 96	69. 91
		σ	0. 06800	0. 06440	0. 06010	0. 05460	0. 04360	0. 03840	0. 03430
丙　酮	25	%	5. 00	10. 00	20. 00	50. 00	75. 00	95. 00	100. 00
		σ	0. 05550	0. 04890	004140	0. 03010	0. 02680	0. 02420	0. 02300
正丁醇	30	%	0. 04	0. 14	9. 53	80. 44	86. 05	94. 20	97. 40
		σ	0. 06933	0. 06038	0. 02697	0. 02369	0. 02347	0. 02329	0. 02225
正丁酸	25	%	0. 14	0. 31	1. 05	8. 60	25. 00	79. 00	100. 00
		σ	0. 06900	0. 06500	0. 05600	0. 03300	0. 02800	0. 02700	0. 02600
甲　酸	30	%	1. 00	5. 00	10. 00	25. 00	50. 00	75. 00	100. 00
		σ	0. 07007	0. 06620	0. 06278	0. 05629	0. 04950	0. 04340	0. 03651
甘　油	18	%	5. 00	10. 00	20. 00	30. 00	50. 00	85. 00	100. 00
		σ	0. 07290	0. 07290	0. 07240	0. 07200	0. 07000	0. 06600	0. 06300

续表

溶 质	t/℃	% / σ						
正丙醇	25	%	0. 1	0. 5	1. 0	50. 00	60. 00	80. 00	90. 00
		σ	0. 06710	0. 05618	0. 04930	0. 02434	0. 02415	0. 02366	0. 02341
丙 酸	25	%	1. 91	5. 84	9. 80	21. 70	49. 80	73. 90	100. 00
		σ	0. 06000	0. 04900	0. 04400	0. 03600	0. 03200	0. 03000	0. 02600

注：%—溶质的质量分数，%；σ—表面张力，$N \cdot m^{-1}$。

摘自：Robert C. Weast，CRC Handbook of Chem. and Phys.，63th，F－34（1982－1983）。

表 11 不同温度下水的折射率

钠光 λ＝589. 3nm

t/℃	n_D	t/℃	n_D	t/℃	n_D	t/℃	n_D
10	1. 33370	16	1. 33331	21	1. 33281	28	1. 33219
11	1. 33365	17	1. 33324	22	1. 33272	29	1. 33208
12	1. 33359	18	1. 33316	23	1. 33263	30	1. 33196
13	1. 33352	19	1. 33307	24	1. 33252		
14	1. 33346	20	1. 33299	25	1. 33242		
15	1. 33339	21	1. 33290	26	1. 33231		

表 12 液体的折射率（t＝25℃）

钠光 λ＝589. 3nm

名 称	n_D	名 称	n_D
甲 醇	1. 336	氯 仿	1. 444
水	1. 33252	四氯化碳	1. 459
乙 醚	1. 352	乙 苯	1. 493
丙 酮	1. 357	甲 苯	1. 494
乙 醇	1. 359	苯	1. 498
醋 酸	1. 370	苯乙烯	1. 545
乙酸乙酯	1. 370	溴 苯	1. 557
正己烷	1. 372	苯 胺	1. 583
1－丁醇	1. 397	溴 仿	1. 587
异丙醇	1. 3752	环己烷（t＝20℃）	1. 42662

表 13　水的密度

t/℃	ρ/kg · dm^{-3}	t/℃	ρ/kg · dm^{-3}
0	0.99987	45	0.99025
3.98	1.0000	50	0.98807
5	0.99999	55	0.98773
10	0.99973	60	0.98324
15	0.99913	65	0.98059
18	0.99862	70	0.97781
20	0.99823	75	0.97489
25	0.99707	80	0.97183
30	0.99567	85	0.96865
35	0.99406	90	0.96534
38	0.99299	95	0.96192
40	0.99224	100	0.95838

表 14　一些有机化合物的密度

下列几种有机化合物的密度可用以下方程式计算：

$$\rho_t/(\mathrm{kg\cdot dm^{-3}}) = [\rho_s/(\mathrm{kg\cdot dm^{-3}}) + 10^{-3}\alpha(t/℃ - t_s/℃) + 10^{-6}\beta(t/℃ - t_s/℃)^2 + 10^{-9}\gamma(t/℃ - t_s/℃)] \pm 10^{-4}\Delta/\mathrm{kg\times dm^{-3}}$$

式中：ρ_s为 t_s =0℃时的密度；Δ 为误差范围。

名　称	分子式	ρ_s/kg · dm^{-3}	α	β	γ	误差范围/kg · dm^{-3}	温度范围/℃
四氯化碳	CCl_4	0.63255	−1.9110	−0.690		0.0002	0 ~ 40
氯　仿	$CHCl_3$	0.52643	−1.8563	−0.530	−8.81	0.0001	−53 ~ 55
丙　酮	C_3H_6O	0.81248	−1.100	−0.858		0.001	0 ~ 50
乙酸甲酯	$C_3H_6O_2$	0.93932	−1.2710	−0.405	−6.09	0.001	0 ~ 100
乙酸乙酯	$C_4H_8O_2$	0.92454	−1.168	−1.95	+20	0.00005	0 ~ 40
乙　醚	$C_4H_{10}O$	0.73629	−1.1138	−1.237		0.0001	0 ~ 70
苯	C_6H_6	0.90005	−1.0638	−0.0376	−2.21	0.0002	11 ~ 72
苯　酚	C_6H_6O	1.03893	−0.8188	−0.670	3	0.001	40 ~ 150
		(t = 25℃)					
乙　醇	C_2H_6O	0.78506	−0.8591	−0.56	−5		

表 15　水和空气界面上的表面张力

t/℃	γ/(10^{-3} N·m^{-1})	t/℃	γ/(10^{-3} N·m^{-1})
-8	77.0	25	71.97
-5	76.42	30	71.18
0	75.64	40	69.56
5	74.92	50	67.91
10	74.22	60	66.18
15	73.49	70	64.42
18	73.05	80	62.61
20	72.75	100	58.85

表 16　水的黏度

t/℃	η/ 10^{-3} Pa·s	t/℃	η/ 10^{-3} Pa·s	t/℃	η/ 10^{-3} Pa·s	t/℃	η/ 10^{-3} Pa·s
0	1.787	26	0.8705	52	0.5290	78	0.3638
1	1.728	27	0.8513	53	0.5204	79	0.3592
2	1.671	28	0.8327	54	0.5152	80	0.3547
3	1.618	29	0.8148	55	0.5040	81	0.3503
4	1.567	30	0.7975	56	0.4961	82	0.3460
5	1.519	31	0.7808	57	0.4884	83	0.3418
6	1.472	32	0.7647	58	0.4809	84	0.3377
7	1.428	33	0.7491	59	0.4736	85	0.3337
8	1.386	34	0.7340	60	0.4665	86	0.3297
9	1.346	35	0.7194	61	0.4596	87	0.3259
10	1.307	36	0.7052	62	0.4528	88	0.3221
11	1.271	37	0.6915	63	0.4462	89	0.3184
12	1.235	38	0.6783	64	0.4398	90	0.3147
13	1.202	39	0.6654	65	0.4335	91	0.3111
14	1.169	40	0.6529	66	0.4273	92	0.3076
15	1.139	41	0.6408	67	0.4213	93	0.3042
16	1.109	42	0.6291	68	0.4155	94	0.3008
17	1.081	43	0.6178	69	0.4098	95	0.2975
18	1.053	44	0.6067	70	0.4042	96	0.2942
19	1.027	45	0.5960	71	0.3987	97	0.2911
20	1.002	46	0.5856	72	0.3934	98	0.2879
21	0.9779	47	0.5755	73	0.3882	99	0.2848
22	0.9548	48	0.5656	74	0.3831	100	0.2818
23	0.9325	49	0.5561	75	0.3781		
24	0.9111	50	0.5468	76	0.3732		
25	0.8904	51	0.5378	77	0.3684		

表 17　某些参比电极电位与温度关系公式

电极	电位/V
	$C = 0.1\text{mol}\cdot\text{L}^{-1}$，$E = 0.3365 - 6\times10^{-5}(t/℃ - 25)$
甘汞电极	$C = 1.0\text{mol}\cdot\text{L}^{-1}$，$E = 0.2828 - 2.4\times10^{-4}(t/℃ - 25)$
	$C_{饱和}$，$E = 0.2438 - 6.5\times10^{-4}(t/℃ - 25)$
氢醌电极	$E = 0.6990 - 7.4\times10^{-4}(t/℃ - 25) + [0.0591 + 2\times10^{-4}(t/℃ - 25)^2]\lg a_{H^+}$
银－氯化银电极	$E = 0.2224 - 6.4\times10^{-4}(t/℃ - 25) - 3.2\times10^{-6}(t/℃ - 25)^2 - [0.0591 + 2\times10^{-4}(t/℃ - 25)^2]\lg a_{Cl^-}$
汞－硫酸亚汞电极	$E = 0.6141 - 8.02\times10^{-4}(t/℃ - 25) - 4\times10^{-7}(t/℃ - 25)^2$

表 18　KCl 溶液的电导率

t/℃	k [KCl (1mol^{-1}·dm^{-3})] /S·m^{-1}	k [KCl (0.1mol^{-1}·dm^{-3})] /S·m^{-1}	k [KCl (0.01mol^{-1}·dm^{-3})] /S·m^{-1}	k [KCl (0.02mol^{-1}·dm^{-3})] /S·m^{-1}
0	6.541	0.715	0.0776	0.1521
5	7.414	0.822	0.0896	0.1752
10	8.319	0.933	0.1020	0.1994
15	9.252	1.048	0.1147	0.2243
16	9.441	1.072	0.1173	0.2294
17	9.631	1.095	0.1199	0.2345
18	9.822	1.119	0.1225	0.2397
19	10.014	1.143	0.1251	0.2449
20	10.207	1.167	0.1278	0.2501
21	10.400	1.191	0.1305	0.2553
22	10.594	1.215	0.1332	0.2606
23	10.789	1.239	0.1359	0.2659
24	10.984	1.264	0.1386	0.2712
25	11.180	1.288	0.1413	0.2765
26	11.377	1.313	0.1441	0.2819
27	11.574	1.337	0.1468	0.2873
28		1.362	0.1496	0.2927
29		1.387	0.1524	0.2981
30		1.412	0.1552	0.3036
35		1.539		0.3312
36		1.564		0.3368

表 19　某些有机溶剂的介电常数及偶极矩

物质	t/℃	介电常数（ε）	偶极矩（μ）/D
丙酮	20	20.70^{25*}	2.88
苯	25	2.275	0
氯苯	20	5.62^{25}	1.69
氯仿	15	4.806^{20}	1.01
环己烷	20	2.02	0
四氯化碳	20	2.238	0

* 上注脚表示温度（℃），下同。

摘自：John A. Dean, Lange's Handbook of Chem., 12th Edition, 10 ~ 103（1979）。

表 20　无限稀释时常见离子的摩尔电导率（25℃）

各离子的温度系数除 H^+（$0.0139K^{-1}$）和 OH^-（$0.018K^{-1}$）外均为 $0.02K^{-1}$。

离子	$\Lambda_{m,B}^{\infty}/10^{-4}S \cdot m^2 \cdot mol^{-1}$	离　子	$\Lambda_{m,B}^{\infty}/10^{-4}S \cdot m^2 \cdot mol^{-1}$
Ag^+	61.92	Cl^-	76.34
$1/2Ba^{2+}$	63.64	F^-	54.4
$1/2Be^{2+}$	54	ClO_3^-	64.4
$1/2Ca^{2+}$	59.5	ClO_4^-	67.9
$1/2Cd^{2+}$	54	CN^-	78
$1/3Ce^{3+}$	70	$1/2CO_3^{2-}$	72
$1/2Co^{2+}$	53	$1/2CrO_4^{2-}$	85
$1/3Cr^{3+}$	67	$1/4\ Fe(CN)_6^{4-}$	111
$1/2Cu^{2+}$	55	$1/3\ Fe(CN)_6^{3-}$	101
$1/2Fe^{2+}$	54	HCO_3^-	44.5
$1/3Fe^{3+}$	68	HS^-	65
H^+	349.82	HSO_3^-	50
$1/2Hg^{2+}$	53.06	HSO_4^-	50
K^+	73.5	I^-	76.8
$1/3La^{3+}$	69.6	IO_3^-	40.5
Li^+	38.69	IO_4^-	54.5
$1/2Mg^{2+}$	53.06	NO_2^-	71.8
NH_4^+	73.4	NO_3^-	71.44
Na^+	50.11	OH^-	198.0
$1/2Ni^{2+}$	50	$1/3\ PO_4^{3-}$	69
$1/2Pb^{2+}$	71	SCN^-	66
$1/2Sr^{2+}$	59.46	$1/2\ SO_3^{2-}$	79.9
Tl^+	76	$1/2\ SO_4^{2-}$	80.0
$1/2Zn^{2+}$	52.8	$C_2H_3O_2^-$	40.9
Br^-	78.4	$1/2C_2O_4^{2-}$	74.2

参考文献

[1] 清华大学化学系物理化学实验编写组．物理化学实验．北京：清华大学出版社，1991.
[2] 罗澄源，等．物理化学实验．第三版．北京：高等教育出版社，1991.
[3] 东北师范大学，等．物理化学实验．北京：高等教育出版社，2002.
[4] 北京大学化学学院物理化学实验教学组．物理化学实验．第4版．北京：北京大学出版社，2008.
[5] 广西师范大学等五校．物理化学实验．桂林：广西师范大学出版社，1987.
[6] 孙尔康．物理化学实验．南京：南京大学出版社，2000.
[7] 藏瑾光．物理化学实验．北京：北京理工大学出版社，1995.
[8] 洪惠婵，等．物理化学实验．广州：中山大学出版社，1993.